자동차 에코기술 교과서

자동차

EcoTechnology for Future Cars

에코기술 교과서

전기차 · 수소연료전지차 · 클린디젤
고연비차의 메커니즘 해설

다카네 히데유키 지음 | 김정환 옮김 | 류민 감수

보누스

자동차는 우리에게 가장 친근하고 편리한 탈것이다. 즐거운 운전이나 이동을 가능케 하는 탈것이기도 하다. 대중교통시설이 충실히 갖춰진 도심부에서만 생활한다 해도 깊은 밤이나 이른 아침에 이동할 때는 택시나 자가용을 이용할 수밖에 없다. 자동차와 완전히 무관한 삶을 사는 사람은 거의 없을 것이다.

약 130년이라는 세월 동안 자동차는 사람들의 생활을 뒷받침하고, 이동과 운전의 즐거움을 제공했으며, 자동차 경주를 통해 기술의 발달과 감동을 선사해왔다.

실용적이면서도 가속 페달을 밟으면 언제 어디서나 자유를 향해 달리며, 자신의 가능성을 넓혀주는 탈것. 자동차는 바로 이런 존재다.

그러나 달릴수록 자동차 연료는 줄어들게 되어 있으며, 자동차를 운용하려면 세금, 보험, 유지 관리비 등을 부담해야 한다. 이런 유지비를 억제하기 위해서, 또 대기오염을 줄이기 위해서라도 현대인에게는 연비(燃比)가 좋고 배기가스가 깨끗한 친환경 자동차가 어울린다. 친환경 자동차야말로 현대 생활에 적합한 탈것이다.

"친환경 자동차도 종류가 많던데, 어떤 것을 선택해야 할지 모르겠어." "어차피 전부 기능적이고 쾌적하고 연비도 좋으니 무엇을 선택하든 별 차이는 없지 않아?"라는 목소리를 들을 때가 있다. 그러나 친환경 자동차에는 다양한 종류가 있으며 자동차 제조 회사마다 독자적인 기술을 담았다.

친환경 자동차의 매력을 다양한 각도에서 해설한 이 책을 읽으면 이런 의문을 느꼈던 사람도 현대 자동차의 보이지 않는 매력을 깨닫게 될 것이다.

다카네 히데유키

하루가 멀다 하고 새 기술이 쏟아져 나온다. 매일 자료를 들춰봐도 감당하기 어려울 정도다. 무슨 말이냐고? 바로 자동차 파워 트레인(Power-train)에 대한 이야기다. 하이브리드, 플러그인 하이브리드, 레인지 익스텐더, 배터리–전기모터, 연료 전지–전기모터 등 최신 자동차들은 예전과 달리 매우 다양한 동력원을 사용한다.

1886년 칼 벤츠가 만든 페이턴트 모터바겐(Patent Motorwagen) 이후 130년 넘게 유지된 '내연기관 자동차'에 이렇게 급진적인 변화가 찾아온 적은 아마 없었을 것이다. 자동차 저널리스트조차 이렇게 혼란스러운데, 일반 소비자들에겐 이 상황이 얼마나 복잡할까?

이젠 거의 모든 자동차 제조 회사가 친환경 자동차(에코카)에 매달리고 있다. 그래서 이 책에 더욱 눈길이 간 건지도 모르겠다. 이 책은 지금 우리 눈앞에 펼쳐지고 있는 자동차 시장의 변화를 독자들의 눈높이에 맞춰 친절하게 설명하고 있다. 저자는 친환경 자동차의 구조와 원리는 물론이고, 미래 기술에 대한 전망까지 자동차 저널리스트다운 전문가의 식견과 필치로 상세하게 전달한다.

하지만 먼 미래의 기술과 자동차만 다루고 있지 않다. 지금 당장 우리가 어떤 친환경 자동차를 사야 하는지 안내하는 훌륭한 지침서이기도 하다. 하이브리드는 물론 아직 생소한 전기 자동차와 곧 보급화가 진척될 것으로 예상하는 연료 전지 자동차 등에 대해 자세히 기술하고 있다.

무엇보다 정보 제공에 그치지 않고, 사용 환경과 동력원에 따른 친환경 자동차 각각의 장단점이 상세하게 설명되어 있다는 점이 이 책의 특징이다. 또한 전기 자동차나 연료 전지 자동차에 도입될 신기술이나 앞으로 개선해야 할 문제점 등도 알려주고 있어, 친환경 자동차를 구매할 예정이거나 관심이 있는 독자들에게 더욱 흥미로운 이야깃거리를 던져준다.

우리 의지와는 상관없이 자동차의 전동화(electrification)는 점차 현실이 될 것이다. 아직은 과도기라 패러다임의 뚜렷한 변화가 한 번은 찾아오겠지만, 지금보다 더 다양한 동력원이 앞으로 쓰일 것이라는 사실은 분명하다. 변화 속도는 생각보다 빠르다. 새로운 자동차 동력원의 등장에 소비자의 혼란이 그 어느 때보다 큰 지금, 친환경 자동차와 관련한 생생한 정보를 아주 손쉽게 접할 수 있는 이 책은 많은 이들에게 큰 도움이 될 것이다.

류민, 〈모터트렌드〉 한국어판 에디터

차례

CHAPTER 3　전기 자동차 — 강력한 토크와 가속력의 실현

CHAPTER 6 클린 디젤 자동차 ─ 환경 성능과 고연비를 잡은 고성능 엔진

CHAPTER 1

친환경 자동차란 무엇일까?

친환경 자동차라고 불리는 자동차가 늘어나고 있다. 차체의 형상이나 크기, 파워 트레인의 종류를 초월한 새로운 범주의 자동차라고도 할 수 있는 친환경 자동차의 종류와 트렌드를 먼저 살펴보도록 하자.

혼다의 미니밴 '오디세이'는 현재 모델에 하이브리드 사양을 탑재했다. 모터를 이용한 전기 자동차 주행 모드, 엔진을 이용해 발전하는 하이브리드 주행 모드, 엔진만을 사용하는 주행 모드 등 다양한 운전 모드가 있어 높은 연비를 실현했다. 사진 제공 : 혼다기연공업

왜 친환경 자동차가
시대의 흐름이 되고 있는가?

------→ 　최근 시가지를 달리는 자동차를 보면 친환경 자동차가 눈에 많이 띈다. 판매 대수 통계를 봐도 일본에서는 친환경 자동차가 상위권을 독점하고 있다. 한국도 디젤차의 인기가 주춤하면서 하이브리드 차량(필요에 따라 내연기관이나 전기 모터를 활용하는 자동차)의 판매가 점차 늘고 있다.

　친환경 자동차라고 통칭하고 있지만 실제로는 다양한 종류가 있으며(이에 관해서는 앞으로 차례차례 설명하겠다.) 저마다 특징과 강점을 발휘하는 주행 조건이 다르다. 간단히 설명하면 친환경 자동차란 친환경적인 자동차, 즉 환경에 이로운 자동차라는 의미다. 구체적으로는 기존 자동차보다 연비가 좋고 배기가스도 깨끗한 자동차다.

　친환경 자동차를 개발하게 된 이유는 크게 두 가지다. 첫째는 1990년대부터 세계적으로 급속히 진행된 자동차 배기가스 규제 때문이다. 이렇게 자동차 배기가스를 규제하게 된 이유는 지구 온난화 때문이다. 자동차 배기가스에 들어 있는 이산화탄소의 배출량을 줄여서 더는 온난화가 진행되지 않게 하려는 것이다. 자동차가 주행할 때 내뿜는 이산화탄소의 배출량을 줄인다는 목표는 연비를 향상하지 않고서는 실현이 불가능하다. 자동차 제조 회사를 대상으로 모든 차종의 평균 연비에 하한선을 설정하고, 이것을 지키지 못하면 세금을 부과하는 나라도 있다. 또한 대기 오염 문제도 규제가 강해진 또 다른 이유다. 그 결과 승용차와 상용차 모두 40년 전과 비교하면 놀랄 만큼 배기가스가 깨끗해졌다.

친환경 자동차의 개발이 진행된 두 번째 이유는 <u>석유 가격의 변동</u> 때문이다. 석유를 수입에 의존하는 까닭에 석유 가격이 상승해서 휘발유 가격이 오르면 일반 가정의 가계나 회사의 경비에서 휘발유 가격이 차지하는 부담이 증가한다. 석유 가격의 상승은 사용자에게 절실한 문제인 것이다. 그러므로 '자동차를 사려면 가급적 연비가 좋은 차종을 선택하자.'라고 생각하는 것은 당연한 심리라고 할 수 있다. 자동차 제조 회사가 이러한 소비자 요구에 부응한 것이다.

물론 연비만이 자동차의 매력을 결정하는 요소는 아니다. 그러나 최근 자동차는 대부분 실용성이나 쾌적성 등이 향상된 까닭에 차별화할 수 있는 부분이 적은 것도 사실이다. 디자인이나 특정 기능으로 차별화를 꾀하는 자동차도 있지만, 연비는 모든 자동차의 성능 지표로서 비교가 용이하기 때문에 높은 연비를 추구하는 경향은 앞으로도 계속될 것이다. 또한 연비 규제는 앞으로 더욱 엄격해질 것이기에 자동차 제조 회사는 사용자의 의향과 상관없이 연비 성능을 높이기 위한 기술을 개발해야 하는 상황이다.

석유 가격은 매년 상승할 것으로 생각되었지만, 셰일 혁명 이후 석유 수요의 증가율이 둔화되는 등 여러 이유로 현재 진정세에 있다. 그러나 연비 성능은 사용자의 가계에 직접 영향을 끼치는 만큼 판매 대수에 큰 영향을 준다. 소형 하이브리드 자동차인 토요타 '아쿠아'는 연비뿐만 아니라 일본의 도로 사정에 최적화된 친환경 자동차로서 일본 국내 자동차 판매량 1위의 자리를 장기간 차지했다. 사진 제공 : 토요타 자동차

세계의 친환경 자동차 트렌드는?

⋯⋯⋯→ 일본에서는 하이브리드 자동차가 친환경 자동차의 주류를 이루고 있지만, 미국과 유럽은 상황이 조금 다르다. 이것은 국민성이나 도로 교통 사정의 차이, 나아가서는 세금 제도의 차이, 자동차 제조 회사의 특기 분야 등 다양한 요소에 따라 친환경 자동차에 대한 접근 방식이 달라지기 때문이다.

일본에서 하이브리드 자동차가 인기 있는 이유는 주유소가 널리 보급되었고, 운전 조작에 따른 연비의 편차가 적다는 점이 도로 정체가 잦은 교통 사정과 잘 맞아떨어졌기 때문일 것이다. 한국도 일본과 여러 사정이 비슷하기 때문인지 하이브리드 자동차가 다른 친환경 자동차, 즉 전기 자동차(EV)나 연료 전지 자동차(FCV)보다 인기가 많은 편이다. 게다가 더딘 전기(수소) 충전소 보급과 연료 전지의 비싼 가격 등이 전기 자동차와 연료 전지 자동차의 보급에 걸림돌로 작용하고 있다.

유럽에서는 디젤 자동차가 인기다. 디젤 자동차가 가솔린 자동차보다 에너지 효율이 높아서 예전부터 세금이 낮았고 연료비도 적게 들기 때문이다. 그래서 유럽에는 디젤 엔진과 모터를 조합한 하이브리드 자동차도 있다.

한편 북미 시장에서는 최근 들어 친환경 자동차의 인기가 예전만큼 높지 않다. 이것은 셰일 가스라는 암반층에 저장된 석유나 천연가스가 대량으로 발견되어(셰일 혁명) 석유 가격이 저렴해졌고 미니 버블이 일어났기 때문이다. 그래도 미국은 벤처 기업이 성장하기 좋은 풍토여서 전기 자동차를 제조 판매하는 소규모 자동차 제조 회사가 많이 등장했으며, 이 가운데 몇 곳은 살아남아 성장하고 있다. 국토가 넓은 미국에서는 집에서 주유소까지 거리가 멀기 때문에 '단지 주유를 위해 주유소에 가야 하는 시간이 아깝다.'라고 느끼는 부유층이 전기 자동차를 선택하는 사례도 늘고 있는 듯하다.

동남아시아 등지에서는 아직 자동차의 보급률이 높지 않기 때문에 친환경 자동차라는 개념이 없지만, 자동차를 보급하려면 차량 가격과 연료비를 낮출 필요가 있기 때문에 앞으로 소형차를 기반으로 한 친환경 자동차가 보급될 것으로 예상한다.

참고로 일본에서는 하이브리드 자동차의 인기가 압도적이지만, 본토와 멀리 떨어진 섬 지역에서는 휘발유보다 전기를 구하기가 더 쉬운 까닭에 전기 자동차의 수요도 높아지고 있다.

일본은 신호등이 많고 교통 정체도 심각해서 하이브리드 자동차가 인기다. 미국에서는 휘발유 가격이 떨어짐에 따라 미국의 자동차 제조 회사가 판매하는 대형 자동차의 인기가 부활하고 있다. 한편 집에서 충전이 가능해 주유소에 갈 필요가 없는 전기 자동차의 인기가 상승하고 있다. 사진은 미국의 전기 자동차 회사인 테슬라의 고급 세단 '테슬라 모델S'다.

사진 제공 : 테슬라

유럽에서는 엔진의 열효율이 높고 가속 성능과 고속 주행할 때의 연비가 우수한 디젤 자동차가 인기다. 이와 같이 친환경 자동차도 도로 환경이나 국민성 등에 따라 인기 있는 차종이 달라진다. 사진은 유럽에서 인기가 많은 BMW의 디젤 자동차 '320d'다. 사진 제공 : BMW

친환경 자동차의 종류를 정리해보자

┈┈┈┈→ 　대표적인 친환경 자동차로는 먼저 하이브리드 자동차를 꼽을 수 있다. 이것은 기존 가솔린 엔진에 모터를 추가하고, 주행 상황에 맞춰 엔진이나 모터, 혹은 두 동력을 모두 사용해 주행한다. 이 같은 주행 방식을 이용해 연비를 높인 친환경 자동차다. 현재는 기존 하이브리드 자동차보다 큰 배터리를 탑재하고, 외부 충전 방식을 채용해서 모터만으로 주행할 수 있는 범위를 넓힌 플러그인 하이브리드 자동차(PHV)라는 차종도 있다.

　조금씩이지만 확실히 증가하고 있는 것이 전기 자동차다. 일본에서는 지금까지 전기 자동차에 대한 기대가 높았던 시기가 몇 차례 있었음에도 좀처럼 보급되지 못했다. 그러나 현재는 고성능 리튬 이온 배터리가 보급되면서 전기 자동차도 실생활에서 승용차로 이용되고 있다.

　유럽의 승용차 시장에서 인기가 높았던 친환경 자동차로 디젤 자동차가 있다. 클린 디젤이라고도 부르는 환경 성능을 높인 디젤 엔진을 탑재하고, 가솔린 자동차에 비해 우수한 연비와 힘 있는 주행을 실현해 한국과 일본에서도 인기가 있었다.

　일본 특유의 자동차 범주인 경자동차(일본에서는 660cc 이하의 자동차를 경자동차로 분류한다. 이하 경자동차는 일본 기준의 경차를 의미한다.─옮긴이)도 연비 성능이 우수하다는 점에서 친환경 자동차라고 할 수 있을 것이다.

　기존 가솔린 자동차 중에도 다양한 궁리를 통해 연비를 향상한 자동차가 있다. 비교적 소형차이면서 높은 연비를 자랑하는 자동차. 고급 자동차의 경우도 연비를 최대한 향상하기 위해 엔진 효율을 높이거나 주행 저항을 억제하려 노력하고 있다. 이와 같이 하이브리드 자동차가 아닌 자동차에도 연비를 높이기 위한 기술이 탑재되고 있다. 또한 한국에서 2013년 초(일본은 2014년 말)에 발매한 **연료 전지 자동차**도 주목받고 있다.

전기 자동차는 충전 설비가 필요하지만 배기가스를 배출하지 않는다는 점에서 매우 청정한 자동차다. 사진은 닛산의 전기 자동차 '리프'다. 사진 제공 : 닛산 자동차

예전에는 '디젤 자동차'라고 하면 트럭이나 SUV(Sport Utility Vehicle)로 한정되었지만, 최근에는 승용차에도 디젤 엔진이 탑재되고 있다. 사진은 혁신적인 디젤 엔진인 스카이액티브-D를 탑재한 마쓰다의 악셀라. 사진 제공 : 마쓰다

하이브리드 자동차는 가솔린 엔진과 모터를 조합하고 양쪽의 장점만을 이용해 효율적인 주행을 실현한다. 높은 연비 성능을 추구한 하이브리드 전용 모델인 프리우스나 아쿠아가 인기지만, SUV나 고급 세단 등 폭넓은 차종에서 하이브리드 자동차가 증가하고 있다. 사진은 토요타의 고급 브랜드인 렉서스의 해치백 모델 'CT200h'다. 사진 제공 : 토요타 자동차

경자동차는 차체 크기가 작기 때문에 거주성이나 쾌적성은 제한되지만, 그만큼 중량이 가벼운 까닭에 연비 성능이 우수하다. 한두 명이 타고 행동반경이 좁으며 거의 도심지 내에서만 이동한다면 유지비를 포함해 가장 경제적인 자동차라고 할 수 있다. 사진은 연비가 우수한 다이하쓰의 경자동차 '미라 e:s'다. 사진 제공 : 다이하쓰

어떤 친환경 자동차를 선택해야 할까?

어떤 차가 최적의 친환경 자동차인지는 운전자가 자동차를 어떤 식으로 이용하느냐에 따라서 달라진다. 자동차를 그다지 자주 이용하지 않는 사람이라면 아무리 연비가 좋다고 한들 일반적으로 차량 가격이 비싼 하이브리드 자동차는 최선의 선택이 아닐 수도 있다. 5년 동안 사용할 경우, 총비용은 소형차나 경자동차가 더 유리할 때도 많다.

다만 일본에서 현재 압도적인 인기를 끌고 있는 차종은 하이브리드 자동차다. 어떤 상황에서도 연비가 안정적으로 좋기 때문이다. 하이브리드 자동차와 전기 자동차 이외의 친환경 자동차는 거북이 주행을 해야 하는 도로 정체 상황에서 연비가 극단적으로 악화되는 경향이 있다. 보통은 장을 보러 갈 때나 인근 지역으로 드라이브를 갈 때 이용하는 정도이지만 1년에 몇 번 고향을 찾아갈 때는 장거리 주행을 해야 하고, 극심한 교통 정체도 자주 겪는 사람에게는 하이브리드 자동차가 편리하다고 할 수 있다. 또 '앞으로 휘발유 가격 때문에 일희일비하고 싶지 않다.'라는 사람이나 '그래도 기왕 사려면 어느 정도 격이 있는 차를 사야지.'라는 사람에게도 하이브리드 자동차는 매력적인 선택지다.

전기 자동차는 장거리 주행을 할 기회가 거의 없는 사람에게 매력적인 친환경 자동차라고 할 수 있다. 연비만 생각하면 하이브리드 자동차보다도 압도적으로 비용을 낮출 수 있다. 심야 전력을 이용하면 주행을 위한 전기 요금은 휘발유 가격의 10

분의 1에 불과하기 때문이다.

'도로 정체에 휘말리는 일은 적지만, 긴 연속 주행 거리'를 가야 하는 사람에게는 디젤 자동차가 가장 유리한 선택지다. 자세한 이유는 6장(175쪽)을 읽어보면 알 수 있을 것이다.

참고로 연속 주행 거리가 짧거나 근처로 장을 보러 갈 때 또는 출퇴근할 때 이용하는 경우가 대부분이라면 경자동차나 소형차가 연비도 더 좋고, 차량 가격이나 세금 부담도 적을 것이다.

토요타의 '프리우스'는 2세대부터 인기가 높아지기 시작해 3세대에 폭발적인 인기를 얻으면서 친환경 자동차의 대명사로 성장했다. 사진은 4세대다. 하이브리드 메커니즘을 개선해 연비 성능이 더욱 향상되었을 뿐만 아니라, 거주성과 쾌적성, 조종 안정성 등도 크게 진보했다. 폭넓은 사용자층이 만족할 수 있는 성능을 갖췄다고 할 수 있다. 사진 제공 : 토요타 자동차

스마트폰과의 연동이 자동차를 변화시킨다?

—— 최신 스마트폰은 10년 전의 컴퓨터보다 고성능이고, 이동 중에도 인터넷 접속이 가능하다. 고성능 스마트폰을 자동차와 연동시켜서, 새로운 기능을 만들어내려는 시도가 진행되고 있다. 카 오디오로 이메일이나 문자 메시지를 읽어주고, 내부 메모리에 기록되어 있는 음악을 재생하는 기능은 이미 실현되었고, 앞으로는 카 내비게이션과 연동해서 실시간 도로 정보를 바탕으로 경로를 설정하는 기능으로 도착 시간의 단축이나 연료 소비의 절감 등에 기여할 것이다.

카 내비게이션과 연동해 차량을 제어하는 연구도 진행 중이다. 예를 들어 앞쪽에 커브길이 있어서 속도를 떨어뜨릴 필요가 있다고 판단하면, 운전자가 가속 페달을 밟았더라도 자동차가 스스로 가속을 늦춰 연비를 향상하는 것이다.

자동차에 장비되어 있는 카 내비게이션도 점점 성능이 향상되어 도로 정체 구간을 회피하는 등 편리성은 상당히 좋아졌지만, 실시간으로 정보를 취득하는 능력은 스마트폰을 이길 수 없다. 항상 인터넷에 접속되어 있고 수많은 사용자가 이용하기 때문에 방대한 정보가 순식간에 모여든다. 또 소프트웨어나 경로 정보 등이 수시로 갱신된다는 스마트폰 애플리케이션 특유의 강점도 있다.

운전자가 열심히 머리를 써서 정체 구간을 회피하거나 지름길을 찾아내던 것을 스마트폰이 대신해주므로 운전자는 그만큼 안전을 신경 쓰는 주행, 연료를 아끼는 주행에 집중할 수 있을 것이다.

CHAPTER 2

하이브리드 자동차

–

내연기관과 모터의 만남

하이브리드 자동차라고 하면 '연비가 좋은 자동차'라고 생각하는 사람이 많을 것이다. 그렇다면 하이브리드 자동차는 왜 연비가 좋을까? 그 메커니즘을 알면 하이브리드 자동차의 연비가 좋은 이유를 이해할 수 있다.

토요타 '프리우스'는 하이브리드 자동차의 대명사로 발전을 거듭하며 베스트셀러로 성장했다. 사진은 최신 하이브리드 시스템을 탑재한 4세대 모델이다. 사진 제공 : 토요타 자동차

무엇이 하이브리드인가?

┈┈┈┈→ 하이브리드란 2종류 이상의 요소를 조합했음을 의미하는 말로, 자동차에서는 두 가지 동력원을 가졌음을 나타낸다. 기존에는 가솔린 엔진뿐이었던 자동차에 모터를 동력으로 추가한 하이브리드 자동차는 엔진과 모터의 장점을 동시에 이용해 연비 향상을 실현한다. 에너지 효율이 좋은 디젤 엔진과 모터를 조합한 디젤 하이브리드(메르세데스 벤츠는 S300h를 판매하고 있다.)도 등장했지만, 높은 가격 탓에 많은 자동차 제조 회사가 디젤 하이브리드의 상용화를 뒤로 미루거나 이미 개발한 자동차를 상품군에서 배제하고 있다.

엔진은 연료만 공급되면 언제까지나 달릴 수 있는 우수한 동력이다. 휘발유나 경유 등의 화석 연료는 석유에서 정제해야 한다는 번거로움이 있지만 운반과 저장이 간단하고, 주유가 용이함을 생각하면 매우 다루기 쉬운 에너지다. 이런 엔진의 이점을 살리면서 효율을 더욱 향상하고자 또 다른 동력인 모터를 조합한 것이 하이브리드 자동차다. 모터는 정차 중에 에너지를 사용하지 않으며 그 특성상 저회전에서부터 힘을 발휘하는 까닭에 엔진의 약점을 보완하기에 최적이다.

게다가 감속할 때 모터를 발전기로 이용해서 운동 에너지를 전력으로 회수해 저장할 수 있다. 엔진만 장착되어 있는 경우, 브레이크 페달을 밟아서 감속이나 정지했을 때 운동 에너지가 열이 되어서 버려진다.

한편 엔진과 모터라는 두 가지 동력을 탑재했지만 타이어를 돌리는 동력원이

하이브리드 자동차는 엔진과 모터라는 두 동력을 조합했다. 각각의 장점을 살려서 휘발유가 지닌 에너지를 달리는 힘으로 더 많이 바꾼다. 이 같은 방식으로 높은 에너지 효율을 실현해 연비 성능을 높였다. 사진 제공 : 토요타 자동차

같은 하이브리드 자동차라 해도 엔진 구동 방식이나 모터 조합 방식에는 여러 가지가 있다. 엔진 힘을 증폭하는 변속기에 모터를 연결한 것이 주류이지만, 사진의 BMW 'i8'처럼 리어 타이어는 엔진, 프런트 타이어는 모터로 구동하는 전후 독립 식 하이브리드 사륜구동도 있다. 사진 제공 : BMW

아니라 발전용으로만 엔진을 사용하는 자동차도 있다. 기존에는 시리즈 하이브리드(series hybrid)라고 불렸는데, 동력은 모터이고 엔진은 어디까지나 발전용일 뿐이기 때문에 최근에는 전기 자동차의 일종인 레인지 익스텐더(range extender. 거리 연장) 전기 자동차로 분류한다.

플러그인 하이브리드 중에도 모터가 기본 동력원이고 고속도로에서 급가속할 때처럼 부하가 매우 큰 상황에서만 엔진의 동력원을 추가하는 레인지 익스텐더 전기 자동차의 성격을 띤 자동차가 등장했다.

유럽에서는 마일드 하이브리드(mild hybrid)라고 부르는 시스템도 개발했다.(2-18 참조) 이것은 모터 하나가 엔진 시동용 스타트 모터와 발전기, 가속 보조용 모터까지 겸하는 시스템으로, 전압을 48볼트로 높여서 효율을 높인 것이다. 닛산이 'S-하이브리드', 스즈키가 'S-에너차지'라는 명칭으로 ISG(Integrated Starter Generator. 발전기와 가속 보조용 모터를 일체화한 시스템)를 사용한 하이브리드 시스템을 채용했다. 앞으로는 하이브리드 자동차도 더욱 다양해질지 모른다.

닛산이 신형 '노트'에 채용한 e-POWER라는 하이브리드 시스템의 경우, 엔진은 발전기를 구동할 뿐 직접 타이어를 구동하지 않는다. 모터만으로 타이어를 돌리므로 실질적으로는 전기 자동차와 차이가 없다. 엔진과 발전기를 탑재한 덕분에 그만큼 대용량 배터리를 탑재하지 않고 휘발유 보급만으로 계속 달릴 수 있다. 엔진도 과도한 부하가 걸리지 않는 일정 회전수를 유지할 수 있어 연비가 올라간다. 사진 제공 : 닛산 자동차

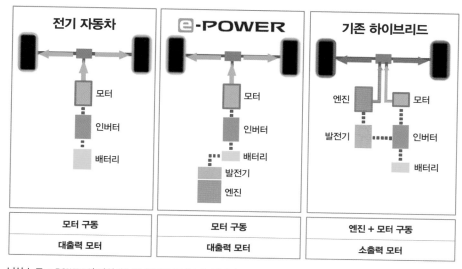

전기 자동차	e-POWER	기존 하이브리드
모터 인버터 배터리	모터 인버터 배터리 발전기 엔진	엔진　모터 발전기　인버터 배터리
모터 구동	모터 구동	엔진 + 모터 구동
대출력 모터	대출력 모터	소출력 모터

닛산 노트 e-POWER의 파워 유닛은 엔진과 모터 2개, 인버터로 구성되어 있다. 모터 중 하나는 엔진과 직결되어 있으며, 엔진 구동을 통해 발전기로 작동한다. 일러스트 제공 : 닛산 자동차

노트 e-POWER의 파워 유닛 사진 제공 : 닛산 자동차

세계 최초로 하이브리드 자동차를 개발한 회사는?

--------→ 하이브리드 자동차의 역사를 살펴보면 놀랄 만큼 오래전부터 실용화되었음을 알게 된다. 폭스바겐(VW)의 비틀과 다임러 벤츠의 수많은 명차를 설계한 페르디난트 포르셰(Ferdinand Porsche, 1875~1951) 박사는 1898년에 로너라는 회사에서 전기 자동차를 만들어냈는데, 이 차에는 발전용 엔진이 탑재되어 있었다. 요컨대 지금이라면 하이브리드(레인지 익스텐더 전기 자동차)에 속하는 자동차였다.

사실 전기 자동차는 엔진을 탑재한 자동차보다 역사가 깊어서, 1839년에 스코틀랜드에서 배터리와 모터를 탑재한 자동차를 만들었다는 기록이 남아 있다. 엔진이 발명된 시기가 1876년이므로 하이브리드 자동차를 탄생시킬 요소는 그 무렵부터 갖춰져 있었던 셈이다.

한편 승용차가 일반화된 현대 사회에서 하이브리드 자동차의 원조는 역시 토요타라고 할 수 있다. 토요타는 1997년 프리우스를 발매하면서 하이브리드 자동차의 발전에 새로운 지평을 열었는데, 프리우스가 등장했을 때 텔레비전 광고의 캐치프레이즈는 "21세기의 시작에 늦지 않게 찾아왔습니다."였다.

개발을 담당한 엔지니어들의 고생은 이루 말할 수 없었다. 기초 연구를 포함하면 개발 기간이 30년에 이른다고 한다. 일반적으로 자동차를 만들 때는 개발을 진두지휘하는 엔지니어가 있는데, 프리우스의 경우 담당 엔지니어 여럿이 바통 터치를 해야 했다.

세계 최초의 하이브리드 양산차는 1997년에 발매된 토요타의 '프리우스'다. 사진 제공 : 토요타 자동차

토요타는 30년이라는 긴 시간 동안 하이브리드 자동차를 개발했다. 이 기간 동안 획기적인 하이브리드 시스템인 THS(토요타 하이브리드 시스템)를 완성했다. 이후에 등장한 가솔린 엔진이나 디젤 엔진을 탑재한 친환경 자동차와 비교하면 "연비 성능이 우수하다."라고는 말하기 어렵지만, 프리우스가 등장했기에 다른 자동차를 개발하는 엔지니어들이 더욱 노력해 연비 성능을 높였다고도 볼 수 있다. 프리우스의 탄생은 친환경 자동차 기술의 발전으로 이어져 온갖 사양을 갖춘 자동차의 연비 성능을 끌어올리는 원동력이 되었다. 이 또한 프리우스의 공적이다. 사진 제공 : 토요타 자동차

엔진과 모터라는 두 동력을 자동차에 탑재하는 것 자체는 엔지니어에게 그다지 어려운 일이 아니다. 그러나 일반 운전자가 위화감을 느끼지 않고 운전할 수 있으면서 연비가 좋은 하이브리드 자동차를 만들어내려면 매우 정밀한 제어가 필요하다. 모터와 배터리를 탑재한 하이브리드 자동차는 가솔린 엔진만을 탑재한 자동차에 비해 생산 단가가 상승하므로 그 이상으로 연비를 높이지 못한다면 사용자를 만족시킬 수 없다.

토요타는 연비를 높이는 여러 기술을 개발했다. 신호를 기다릴 때 엔진의 아이들링을 멈추고 모터를 이용해 매끄럽게 발진하거나, 가속할 때 엔진과 모터 양쪽을 사용해서 엔진의 부하를 줄이는 기술을 개발한 것이다. 특히 감속할 때 운동 에너지를 동력으로 회수하는 **회생 에너지 충전 기술**은 연비를 향상하기 위한 매우 중요한 과제였다.

토요타는 모터로 주행하면서 엔진을 시동하고, 양쪽의 구동력을 매끄럽게 연결하기 위한 제어 기술을 개발하면서 100가지 이상의 특허를 취득하는 등 하이브리드 자동차의 세계에서 압도적인 위상을 확립해왔다. 또한 연료 전지 자동차의 개발에도 열을 올려서, 세계 최초로 세단형 연료 전지 자동차를 발매했다. 이것은 하이브리드 자동차에 이어서 연료 전지 자동차 시장도 석권하겠다는 의도라기보다 수소 연료라는 완전히 새로운 시장을 개척하기 위해 앞장서려는 것으로 보인다. 글로벌 자동차 제조 회사로서 느끼는 책임감이라고도 할 수 있지 않을까?

신형 프리우스 PHV에는 4세대 프리우스보다 더욱 진화한 파워 유닛이 탑재되었다. 사진 제공 : 토요타 자동차

토요타 하이브리드 시스템(THS)의 중심이 되는 유성 기어 유닛에 원웨이 클러치를 조합한 신형 프리우스 PHV. 기존에는
발전기와 변속기로 기능했던 MG1(발전용 모터)을 MG2(구동용 모터)와 동시에 가속할 때의 동력원으로 사용할 수 있다.
그 결과 배터리 탑재량이 증가해 무거워진 차체를 감당하기에 충분한 가속 성능을 실현했다.

사진 제공 : 토요타 자동차

기존 가솔린 자동차보다
연비가 얼마나 좋을까?

········→ 하이브리드 자동차는 연비가 우수한 자동차로, 신호등이 많아 정지와 발진을 반복해야 하고 도로 정체가 잦은 교통 사정에 적합하다는 특징이 있다. 기존 가솔린 자동차는 거북이걸음을 하는 도로 정체 상황에서도 엔진을 아이들링 상태로 돌리며 연료를 소비해야 했다. 한편 하이브리드 자동차는 모터로 주행이 가능하기 때문에 도로 정체 상황에서 엔진을 멈춰도 연비가 악화되지 않는다.

물론 하이브리드 자동차도 배터리 충전량이 부족해지면 엔진을 시동해 배터리를 충전하면서 주행해야 하지만, 어지간히 심각하게 막힌 상황이 아니라면 정체 구간을 빠져나온 뒤에 회생 충전이 가능하다. 또한 가솔린 자동차는 여름철에 에어컨을 켜려면 엔진을 아이들링 상태로 유지해야 하지만, 하이브리드 자동차는 에어컨을 전동 컴프레서로 구동하는 까닭에 엔진을 멈춘 상태에서도 에어컨을 사용할 수 있는 자동차가 많다.

다만 정지와 발진을 반복해야 하는 상황이나 도로가 정체되는 일이 드문 교외 또는 고속도로를 주행할 때는 하이브리드 자동차의 강점이 거의 발휘되지 않는다. 따라서 온갖 상황에서 안정적으로 연비가 좋은 것이 하이브리드 자동차, 운전하기에 따라서는 하이브리드 자동차 이상의 경제성을 끌어낼 수 있는 것이 소형차다.

연비를 나타내는 지표로 카탈로그 연비가 있는데, 하이브리드 자동차라 해도 실제 운전에서 카탈로그 연비에 가까운 연비를 내기는 매우 어렵다. 그래도 하이브리드 자동차는 누가 운전해도 카탈로그 연비의 70퍼센트에 근접하는 연비로 주행이 가능하지만, 가솔린 자동차는 운전 습관에 따라 카탈로그 연비의 절반 수준에 그칠 수도 있다. 예를 들어 하이브리드 자동차의 카탈로그 연비가 '1리터당 30킬로미터'라면 실제 연비는 안정되게 1리터당 20킬로미터 전후다. 한편 가솔린 자동차의 카탈로그 연비가 '1리터당 24킬로미터'라면 교외나 고속도로에서는 1리터로 20~25킬로미터를 달릴 수도 있지만, 정체 구간이 포함된 시가지에서의 연비는 1리터당 10~15킬로미터 정도일 것이다.

가솔린 모델과 하이브리드 모델이 모두 있는 차종의 연비를 비교하면 하이브리드 모델의 카탈로그 연비가 20~30퍼센트 더 우수하며, 실제 연비도 그 차이가 거의 유지된다. 실제 연비는 주행 조건에 좌우되지만, 조건에 따른 연비 편차는 일반적으로 가솔린 자동차가 더 심하다. 주행 조건에 따른 연비 차이가 적은 것도 하이브리드 자동차의 특징이다.

사진 제공 : 토요타 자동차, 혼다기연공업(왼쪽 위)

가솔린 자동차와 하이브리드 자동차의 실제 연비 비교

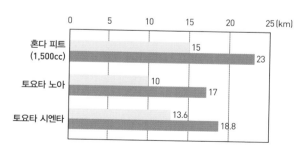

가솔린 자동차의 실제 연비
하이브리드 자동차의 실제 연비

하이브리드 채용에 따른 실제 연비의 향상률은 피트(1,500cc)가 53퍼센트, 노아가 70퍼센트, 시엔타가 38.8퍼센트다.

참고 : 'e연비'(http://e-nenpi.com)

프리우스는 왜 주행음이 작을까?

--------→ 　골목길을 걸을 때 후방에서 자동차가 오는 것을 눈치채지 못하다가 갑자기 등 뒤에 나타난 자동차를 발견하고 깜짝 놀라는 일이 드물지 않다. 이것은 하이브리드 자동차가 많아졌기 때문이다.

　하이브리드 자동차가 조용한 이유는 여러 가지가 있는데, 느리게 달릴 때 특히 조용한 이유는 전기 자동차 모드로 주행하기 때문이다. 전기 자동차 모드로 달릴 때는 전기 자동차와 똑같으므로 엔진 소리나 부품이 작동하는 소리, 배기음 등이 발생하지 않는다. 아울러 엔진 이외의 저항을 줄인 것도 주행음을 낮춰준다.

　소리는 공기의 진동으로, 이것도 에너지의 일종이다. 엔진에서 소리가 나는 이유는 연료를 태웠을 때 얻은 에너지의 일부가 소리가 되거나, 엔진이 회전할 때 내부의 부품끼리 마찰해서다. 즉 소리가 나는 것은 전부 에너지 손실이라고 여겨도 된다.

　프리우스 같은 하이브리드 자동차는 모터의 보조를 받을 수 있는 까닭에 엔진을 만들 때 힘이 아니라 연비를 중시한다. 휘발유가 지닌 에너지를 최대한 구동력으로 만들기 때문에 열이나 소리의 형태로 버려지는 에너지의 비율이 낮은 것도 차가 조용한 이유 중 하나다.

　타이어의 로드 노이즈나 차체의 바람 소리도 소리 에너지로 변환된 것이므로 자동차의 입장에서 보자면 전부 저항이다. 이런 저항을 최대한 줄이면 연비가 향상된다. 이렇게 해서 친환경 자동차는 조용한 자동차가 되는 것이다. 프리우스에도 고급차 정도는 아니지만 방음이나 흡음 등의 소음 대책이 갖춰져 있다. 게다가 하이브리드 자동차는 애초에 소리가 발생하지 않도록 만들어졌다는 사실을 기억하자.

신형 프리우스는 등장 당시 기발한 스타일링으로도 큰 화제가 되었다. 헤드램프 디자인은 둘째 치더라도 범퍼나 전체적인 실루엣은 전부 의미가 있는 조형이다. 실내 공간의 쾌적성을 높이면서 공기 저항을 억제하기 위해 루프 라인의 곡선 정점을 앞쪽으로 옮겼다. 사진 제공 : 토요타 자동차

공기 저항을 줄이거나 주행 안정성을 높이기 위해서는 차체 바닥 부분의 형상이 매우 중요하다. 신형 프리우스는 공기 흐름을 바로잡기 위해 차체의 바닥면을 평평하게 하는 수지 패널을 설치했다. 그 결과 바닥 부분을 흐르는 공기의 유속이 빨라졌고, 이에 따라 공기 저항이 줄어들어 다운포스(노면에 달라붙는 힘)가 발생해 고속 안정성도 높아졌다.

사진 제공 : 토요타 자동차

왜 하이브리드 자동차는
전부 비슷비슷하게 생겼을까?

> 하이브리드 자동차는 크게 두 유형으로 나눌 수 있다. 하이브리드 전용차와 동일 차종에 가솔린 모델과 하이브리드 모델이 있는 병용 하이브리드 자동차다. 다만 자동차의 겉모습에는 별다른 차이가 없어서, 전부 예리한 노즈와 완만한 리어 게이트가 있는 매끄러운 유선형이다.

　최근의 자동차는 범주별 차이가 있지만 같은 범주 안에서의 스타일링이 대동소이해지고 있다. 실용성을 중시하는 자동차이거나 톨 왜건 경자동차처럼 차체의 크기에 제약이 있는 경우를 제외하면 공기 저항을 중시한 디자인을 채택하기 때문이다. 특히 하이브리드 자동차는 연비를 추구하는 자동차인 까닭에 성능과 상관없는 요소는 우선순위에서 상당히 밀려날 수밖에 없다.

　예전에 '토요타 프리우스와 혼다 인사이트의 스타일링이 너무 닮았다.'라며 화제가 된 적이 있었다. 그러나 공기 저항을 줄이려 하다 보면 형상이 비슷해지는 것은 당연한 귀결이다. 포뮬러 머신 같은 레이싱 카는 규칙으로 정해진 것 이상으로 디자인이 서로 유사하다. 자동차보다 더 공기역학적 성능을 중시하는 항공기나 자연 속에서 진화한 어류는 대부분 똑같은 모습을 띠고 있다. 이것은 자연의 섭리와 마찬가지다. 요컨대 자동차가 정상 진화한 형태가 하이브리드 자동차의 스타일링인 것이다. 기존 자동차의 경우, 스타일링 같은 디자인도 중요한 홍보 요소였지만, 하이브리드 자동차의 구입을 검토하는 사람들에게 가장 큰 관심사는 카탈로그 연비다. 따라서 스타일링과 개성보다 연비를 중시하는 것은 당연한 일이라고 할 수 있다. 그러나 친환경 자동차나 하이브리드 자동차가 더욱 보급된다면 연비는 기본이고 또 다른 매력을 내세우는 하이브리드 전용차가 속속 등장할지도 모른다.

위는 토요타 '프리우스' 3세대, 아래는 혼다 '인사이트'다. 헤드램프와 프런트 그릴 등의 디자인은 다르지만 전체적인 실루엣은 거의 똑같다. 양쪽 모두 하이브리드 전용차로서 한정된 크기의 차체에서 실내 공간과 화물칸의 용량을 확보하고, 공기 저항을 극한까지 줄이려고 궁리한 끝에 탄생한 디자인이기 때문이다.

사진 제공 : 토요타 자동차(위), 혼다기연공업(아래)

하이브리드 자동차를
효율적으로 운전하는 비결은?

⸺⸺→ 하이브리드 자동차는 폭넓은 교통 환경에서 안정적으로 좋은 연비를 실현하는 자동차다. 일정 주행 조건에서 연비가 우수한 엔진과 에너지 효율이 높은 모터를 병용한(배터리를 이용한 연속 주행 거리가 짧다는 점이 약점이기는 하지만) 덕분이다. 다만 그럼에도 어떻게 운전하느냐에 따라 연비에 차이가 생긴다. 가솔린 자동차와 마찬가지로 급가속이나 오르막길에서의 가속 등 큰 부하를 주는 상황은 연비를 저하시키는 원인이 된다.

그래도 하이브리드 자동차는 모터를 병용하기 때문에 중간 수준의 부하라면 연비의 저하를 억제할 수 있다. 가속 페달을 지나치게 밟으면 엔진 부담이 늘어나므로 발진할 때에는 주위의 상황이나 다음 신호 대기 등의 정차 위치를 고려하며 필요 충분한 수준으로 가속하고, 재빨리 정속 주행으로 이행하는 것이 좋은 연비를 유지하는 비결이다.

또 하이브리드 자동차는 감속할 때 회생 충전으로 배터리에 전기를 저장하는 방식이기 때문에 정속 주행에서 감속으로 이행할 경우 일찌감치 브레이크 페달을 가볍게 밟으면서 그 약한 감속 상태를 가급적 길게 유지하는 것이 연비를 향상하는 비결이다.

아울러 같은 하이브리드 자동차에 속한다 해도 실제로는 차량의 구조나 특성에 따라 연비를 향상하는 운전 방식이 조금씩 다르다. 어느 정도까지는 연비를 전혀 신경 쓰지 않고 운전해도 높은 연비를 실현해주는 것이 하이브리드 자동차이지만, 자기 차의 특성을 잘 이해하고 도로 사정에 맞춰서 최적의 방식으로 운전한다면 한두 단계 높은 연비를 끌어낼 수 있을 것이다.

하이브리드 자동차를 포함한 친환경 자동차 중에는 운전 습관을 진단해주는 기능을 탑재한 것도 있다. 진단이나 지도에 따라 운전하려고 의식하면 연비가 자연스럽게 향상된다. 운전이 즐거워지고 환경과 가계부에도 이로운 '일석삼조'의 시스템이다.

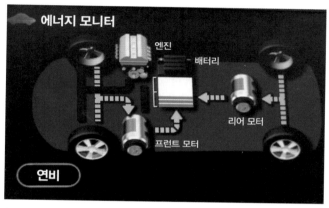

하이브리드 자동차 중에는 대시보드에 속도계와 엔진 회전계뿐만 아니라 엔진과 모터, 배터리의 가동 상태를 보여주는 모니터가 있는 것이 많다. 하이브리드 자동차 특유의 구동 방식 전환을 시각적으로 즐길 수 있을 뿐만 아니라, 이 정보를 적절히 이용해서 연비를 향상할 수도 있다. 사진 제공 : 토요타 자동차

혼다의 하이브리드 자동차에는 연비가 좋은 운전을 하고 있는지 평가해주는 코칭 기능이 탑재되어 있다. 현재 운전 상황을 평가해줄 뿐만 아니라, 거듭된 주행 속에서 자신이 이산화탄소 절감에 기여하고 있음을 실감할 수 있는 'ECO 가이드'라는 지도 기능도 있다. 디자인이 나무의 성장을 연상시킨다. 사진 제공 : 혼다기연공업

하이브리드 자동차에도 배터리가 있을까?

-------→ 하이브리드 자동차는 엔진과 모터라는 두 가지 동력을 탑재하고 있으므로 당연히 모터의 에너지원인 전기를 저장해두는 배터리가 탑재되어 있다. 하이브리드 자동차에 탑재되어 있는 구동 모터용 배터리는 기본적으로 전기 자동차에 탑재되는 것과 같다.

여기까지 듣고 '모터와 배터리를 탑재하고 있다면 전기 자동차하고 다를 게 없잖아?'라고 생각하는 사람이 있을지도 모른다. 하이브리드 자동차가 전기 자동차와 다른 점은 배터리의 탑재량을 줄여서 비용 절감을 꾀하는 동시에 충전 설비가 없는 장소에도 갈 수 있는 편리성을 갖췄다는 점이다.

전기 자동차는 어느 정도의 연속 주행 거리와 차체의 경량화를 양립하기 위해 고성능 리튬 이온 배터리를 많이 탑재하고 있다. '차량 가격의 절반은 배터리 가격'이라는 말도 있다. 한편 가솔린 자동차에서 파생한 하이브리드 자동차는 엔진을 탑재하고, 배터리 용량을 줄여서 배터리 탑재에 들어가는 비용을 낮췄다. 물론 연속 주행 거리도 늘어난다.

하이브리드 자동차나 전기 자동차는 시간이 지남에 따라 배터리 용량이 저하되기 때문에 5년 이상 경과한 모델은 배터리를 교환해야 하는 상황이 찾아올 수 있다. 이 경우 배터리의 교환 비용이 배터리의 용량에 비례하므로 하이브리드 자동차보다 전기 자동차의 교환 비용이 더 큰 것은 틀림이 없다.

그러나 각 제조 회사의 노력으로 배터리 가격이 점점 하락하는 추세이기 때문에 앞으로는 하이브리드 자동차도 배터리가 커지고 엔진은 발전용으로 특화할 가능성 또한 충분히 예상할 수 있다. 그렇게 된다면 하이브리드 자동차와 전기 자동차의 차이는 더욱 줄어들 것이다.

플러그인 하이브리드 자동차는 외부에서도 충전할 수 있는 대용량 배터리를 탑재한 차량으로, 전기 자동차에 더욱 가깝다. 사진은 혼다 '레전드'에 탑재된 리튬 이온 배터리다. 사진 제공 : 혼다기연공업

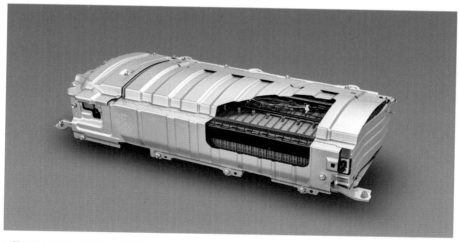

보통 프리우스에는 니켈 수소 배터리를 사용한다. 리튬 이온 배터리와 비교하면 에너지 밀도가 떨어지지만 비용이 저렴해 차량 가격을 낮출 수 있다. 안정성이 우수하다는 이점도 있다. 물론 재활용성도 우수하다. 사진 제공 : 토요타 자동차

하이브리드 자동차에는 어떤 모터가 사용될까?

········> 하이브리드 자동차에 탑재되는 모터는 희토류(3-16 참조)가 들어간 강력한 자석을 사용하는 까닭에 효율이 높다. 이것은 전기 자동차에 채용되는 모터도 마찬가지다. 그러나 희토류는 채굴 과정에서 환경을 파괴할 뿐만 아니라 대부분을 중국에서 수입하기 때문에 '외교 교섭의 도구'로 이용되어왔다. 그래서 많은 연구 기관이 희토류를 사용하지 않는 고효율 모터를 연구·개발하고 있다.

현재 하이브리드 자동차와 전기 자동차에 탑재된 모터의 차이점은 주로 출력 크기다. 하이브리드 자동차는 주행용 모터와 회생 충전 또는 엔진으로 충전하기 위한 발전기를 각각 장착하고 있고, 시스템이 복잡한 까닭에 모터 유닛의 형태가 전기 자동차와 다른 점도 많다. 그럼에도 모터 내부의 구조는 거의 차이가 없다. 또한 하이브리드 자동차의 경우, 모터만으로 주행하는 속도 영역이 낮고 부하가 클 때(많은 인원이 탔거나 급한 오르막길을 달릴 경우 등)는 엔진과 모터 양쪽의 힘으로 휠을 구동하는 까닭에 그다지 출력이 큰 모터를 탑재할 필요가 없다.

그런데 일반적인 가솔린 자동차에도 모터는 탑재되어 있다. 엔진을 시동하기 위한 스타트 모터다. 하이브리드 자동차는 더 강력한 주행용 모터가 엔진의 시동도 담당하는 까닭에 스타트 모터를 탑재하지 않는다. 그 밖에도 자동차에는 와이퍼를 구동하는 모터나 문의 측면 윈도우를 여닫는 모터, 계기의 바늘을 움직이는 모터, 냉난방용 바람을 만들어내는 팬 모터 등 크고 작은 다양한 모터가 탑재되어 있다.

ZF가 BMW, 메르세데스 벤츠, 폭스바겐 그룹과 공동 개발한 하이브리드 자동차용 변속기는 기존의 자동 변속기(AT) 토크 컨버터 부분에 모터와 클러치를 넣었다. 이에 따라 차체의 구조는 그대로 유지하면서 배터리를 탑재하는 공간만 확보해도 하이브리드화가 가능해졌다. 사진 제공 : BMW

하이브리드 자동차에는 구동 · 회생 충전용 모터만을 갖춘 1모터 방식과 구동 · 회생 외에 발전용 모터를 갖춘 2모터 방식이 있다. 2모터 방식은 엔진과 모터의 효율적인 부분을 끌어내기 용이해 연비 성능이 우수하지만, 당연히 생산 비용이 상승한다. 사진은 어코드 하이브리드의 2모터 방식이다. 사진 제공 : 혼다기연공업

모터는 자동차와 상성이 좋은가?

--------→ 엔진 회전수의 영역은 광범위하다. 그 범위 중에서도 효율이 좋은 회전
수 영역이 존재한다. 자동차 제조 회사들은 효율이 좋은 회전수 영역을 넓히고자 연
구·개발을 진행하고 있지만, 연료와 공기를 빨아들이고 배기가스를 밀어내는 왕복
기관인 이상, 일정 시간 동안 효율적으로 운전하기 위한 조건이 한정될 수밖에 없다.

한편 모터는 자력의 흡인과 반발을 이용해 구동력을 발생시키는 회전 기관이다.
부품 수나 부품끼리의 마찰에 따른 손실이 적은 것도 장점이다. 전기 자동차는 발진
순간부터 강력한 가속을 자랑하는데, 이것은 자력의 흡인과 반발의 힘을 가장 강력
하게 발휘할 수 있는 시기가 정지 상태에서 움직일 때이기 때문이다. 모터는 어지간
히 고회전이 되지 않는 한 안정적인 토크(타이어를 돌리는 힘)를 발생시킨다. 반대로
일정 속도에 이르면 회전에 기세가 붙은 상태이기 때문에 모터의 강력함을 느끼기
어려워진다.

게다가 엔진은 회전수가 2배가 되면 연료도 2배 전후로 소모하지만, 모터는 회전
수가 변화해도 회전하는 시간이 같으면 전력 소비에 별다른 차이가 없다. 전력 소비
의 변화는 부하의 크기와 관계가 있다. 따라서 발진할 때에는 변속기를 이용해 토크
를 증폭시키는 편이 전력 소비를 억제할 수 있지만, 전기 자동차는 기본적으로 변속
기가 필요 없다. 앞에서 이야기했듯이 일단 달리기 시작하면 모터의 회전수가 변해
도 전력 소비에 별다른 차이가 없고, 발진할 때 강력한 가속을 실현할 수 있으므로

발진할 때만을 위해 변속기를 탑재하는 것은 비용이나 효율 측면에서 생각했을 때 그다지 의미가 없는 것이다. 또한 자동차가 후진할 때는 전류를 역전시키면 되기에 후진 기어도 필요 없다.

변속기가 필요하지 않으므로 구동 손실이나 소음도 줄일 수 있다. 게다가 엔진처럼 연소에 따른 고열도 발생하지 않으므로 냉각에 따른 손실도 줄일 수 있다. 이와 같이 저속에서의 강력한 주행, 손실의 최소화, 적은 진동 등 모터에는 엔진에 없는 여러 가지 매력이 있다.

모터는 탈것의 동력으로 사용하기에 매우 우수한 특성을 지니고 있다. 자력의 흡인과 반발을 이용하는 까닭에 발진할 때 가장 강력하다. 또한 고회전이 되어도 전력 소비량이 그다지 증가하지 않으며 부하에 따라 소비량이 변하기 때문에 기본적으로 변속기가 필요하지 않다. 후진하고 싶을 때는 전류를 역전시키면 역회전한다.

사진 제공 : 혼다기연공업

최근의 동력용 모터는 표면적이 큰 각형 구리선으로 코일을 감거나 강력한 자석을 사용한다. 이 덕분에 전력을 구동력으로 효율 좋게 변환할 수 있다.

사진 제공 : 다카네 히데유키

어떻게 모터에서 엔진으로 부드럽게 전환시킬 수 있을까?

⎯⎯⎯⎯→ 하이브리드 자동차는 주행용 배터리의 충전량이 충분한 상태라면 모터의 힘만으로 발진한다. 더욱 강력한 가속이 필요하다면 가속 페달을 힘껏 밟아 가속하면서 엔진을 시동시켜, 모터와 엔진 양쪽의 구동력으로 힘차게 가속할 수 있다.

이때 엔진의 구동력이 전해져도 차를 타고 있는 사람은 거의 충격을 느끼지 않으며, 부드럽고 원활한 가속감을 유지하며 힘차게 달린다. 만약 엔진의 힘이 전해지는 순간에 충격을 받거나 몸이 뒤로 젖힐 만큼 급속히 가속한다면 안전성에 문제가 발생할 뿐만 아니라, 연비는 좋더라도 쾌적한 주행을 기대할 수 없다.

하이브리드 자동차를 개발하는 엔지니어는 이런 측면에서 가솔린 자동차와 동등한 쾌적성을 실현하고자 궁리를 거듭하며 다양한 기술을 구사한다. 예를 들면 엔진의 구동력을 전달할 때 클러치의 연결 분리와 모터의 구동력을 세밀하게 제어해서 충격이나 진동을 흡수한다. 토요타의 하이브리드 자동차는 유성 기어를 이용해서 엔진의 힘과 모터의 힘을 조절하면서 타이어에 전달한다. 모터에 공급되는 전력을 조절해 엔진의 회전수와 타이어의 구동력을 각각 제어하는 것이다.

또한 엔진이 시동할 때는 부하가 증가하기 때문에 발전용 모터에 전력을 공급해 회전시키는데, 이때 가속감이 매끄럽도록 타이어를 직접 구동하는 주행용 모터의 출력을 순간적으로 조절한다. 인간의 감각으로는 감지할 수 없을 정도의 반응 속도로 모터의 힘을 제어하고, 부드러운 주행을 실현한다.

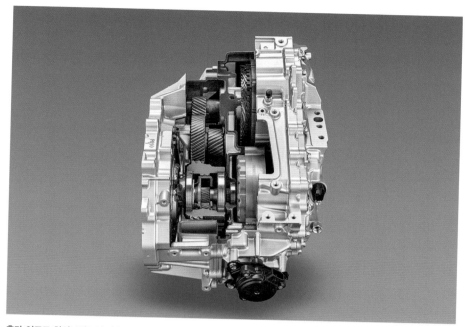

혼다 어코드 하이브리드의 경우, 평소에는 엔진이 발전기를 돌려서 배터리에 전력을 축적하고 그 전력으로 모터를 구동해 주행한다. 그래서 발전용과 주행용으로 강력한 모터를 장착했다. 사진 제공 : 혼다기연공업

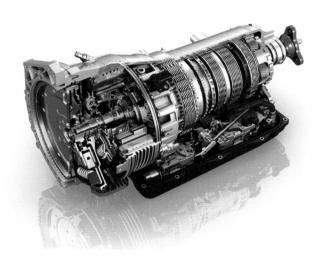

BMW의 액티브 하이브리드 5, 액티브 하이브리드 3에 탑재한 8단 자동 변속기에는 토크 컨버터 대신 모터와 클러치가 들어 있다. 모터는 변속기와 직결되어 있으며, 클러치를 이용해 엔진과의 단속을 실시한다. 모터만으로 주행할 때는 클러치를 분리하고, 엔진만으로 또는 엔진과 모터로 주행할 때는 클러치를 연결해서 엔진의 구동력을 변속기에 전달한다.

사진 제공 : BMW

휘발유가 바닥나면 어떻게 될까?

앞에서 이야기했듯이 하이브리드 자동차의 주행용 배터리는 용량이 그다지 크지 않다. 여기에 모터를 적극적으로 사용해서 연비를 높이는 방식인 까닭에 '연료는 바닥이 났는데 배터리는 완전 충전 상태'인 상황도 거의 일어나지 않는다. 그러므로 하이브리드 자동차도 휘발유가 바닥나면 차량이 서버린다. '연비가 좋다.'라고는 하지만 그만큼 연료 탱크의 용량도 작으므로 미리미리 주유하는 편이 좋다.

특히 자동차의 연비가 전체적으로 향상되고, 석유 가격의 상승으로 자동차 이용을 자제하는 경향이 강해짐에 따라 일본에서는 문을 닫는 주유소가 늘고 있다. 지금은 고속도로에 150킬로미터 이상 주유소가 존재하지 않는 구간도 있을 정도다. 물론 그런 곳은 도로 정체가 거의 발생하지 않는 지방이므로 10리터만 남아 있어도 차가 멈출 일은 없겠지만, 깜빡하고 그 구간 전후의 휴게소에서 주유를 하지 않으면 연료 부족으로 차가 멈출 위험성이 있다. 만에 하나 연료가 떨어져 멈춘다면 보험사의 긴급 출동 서비스 등을 이용하는 수밖에 없다. 고속도로에서 연료가 떨어지면 (일본) 도로 교통법상 위반 행위이며, 갓길에 정차하거나 차량에서 나와 걷는 행위는 매우 위험하다. 하이브리드 자동차의 엔진에는 가솔린 자동차와 마찬가지로 전자 제어되는 연료 분사 장치가 탑재되어 있는데, 이것은 연료가 없어지면 가동부에 손상을 준다. 아무리 연비가 우수한 하이브리드 자동차라 해도 장거리 주행을 할 때는 휴식과 주유 계획을 여유 있게 짜는 것이 바람직하다.

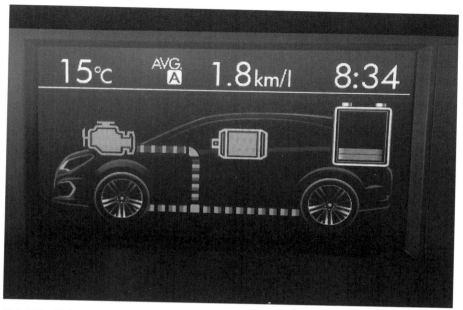

하이브리드 자동차라 해도 발진과 정지를 반복하는 운전을 거듭하면 연비가 극단적으로 떨어진다. 그 상태에서는 배터리의 충전량도 떨어지는 경향이 있으므로 "휘발유가 없어도 충전된 배터리로 주행할 수 있다."라고는 말하기 어렵다. 사진은 스바루 XV 하이브리드다. 사진 제공 : 다카네 히데유키

스바루 XV 하이브리드의 차체 모습이다. 사진 제공 : 스바루

배터리가 완전히 방전되면 어떻게 될까?

--------→ 하이브리드 자동차의 모터는 주행용 배터리의 충전량이 제로(0)가 되면 회전하지 않는다. 가솔린 자동차로서 달릴 뿐이다. 계속 하이브리드 자동차로 달리기 위해서 감속할 때 회생 충전을 하며, 신호 대기 등으로 정차했을 때도 엔진이 발전기를 구동해 배터리를 충전한다.

또한 하이브리드 자동차는 주행 중에도 충전을 하는데, 주행하면서 주행용 배터리도 충전해야 하기 때문에 엔진 부담이 상당하다. 그래서 하이브리드 자동차의 가솔린 엔진은 여유를 둔다. 부하가 적을 때는 공기나 연료를 조금만 흡입하고, 연소 후에 크게 팽창시켜서 연료의 에너지를 더 많이 구동력으로 변환한다. 이것을 앳킨슨 사이클(Atkinson Cycle)이라고 한다. 요컨대 실질적으로는 배기량 가변 엔진인 것이다.

또한 플러그인 하이브리드 자동차는 전기차 충전소에서 충전할 수 있다. 충전 중에는 자동차를 움직일 수 없지만, 엔진으로 충전하는 것보다 환경이나 가계에도 이롭다는 데는 이견의 여지가 없다. 하루 주행 거리가 50킬로미터 이하라면 플러그인 하이브리드 자동차는 전기 자동차와 똑같은 방식으로 이용 가능하다고 생각해도 무방하다. 그러면서도 필요할 때는 장거리 주행도 할 수 있다는 것이 플러그인 하이브리드 자동차의 강점이다.

다만 연료 탱크에 들어 있는 휘발유, 특히 연료 계통으로 보내지는 휘발유는 열화하기 쉬우므로 이따금 엔진을 사용해서 달리는 편이 혹시 모를 고장을 예방한다.

회생 충전(주행 중의 감속 에너지를 회수해서 전력으로 축적한다.)이 하이브리드 자동차의 강점이다. 프리우스나 에스티마, 푸가, 스카이라인, X-트레일 등 하이브리드 자동차는 주행하면서 엔진의 동력으로 모터를 구동해 발전할 수 있다. 충전량이 부족하면 모터를 발전에 전념시켜 배터리를 충전할 수도 있다. 사진은 푸가의 하이브리드 엔진이다.

사진 제공 : 닛산 자동차

플러그인 하이브리드 자동차는 배터리 용량이 커서 전기 자동차 모드로 주행 가능한 거리가 길다. 물론 배터리의 전력을 전부 사용해도 엔진으로 계속 주행할 수 있다. 다만 주행하면서 충전도 하기 때문에 연비는 떨어진다.

사진 제공 : 토요타 자동차

배터리에 수명이 있을까?

········→ 하이브리드 자동차의 주행용 배터리는 2차 전지라고 부르는 것으로, 충전해서 반복적으로 사용할 수 있다. 그러나 무한히 사용할 수 있는 것은 아니다. 배터리 종류에 따라 다르기는 하지만, 현재 하이브리드 자동차의 배터리로 사용되는 니켈 수소 배터리나 리튬 이온 배터리는 충전과 방전을 2,000회 정도 반복하면 능력이 저하된다. 게다가 이 횟수는 완전 충전에서 거의 완전 방전에 가까운 상태가 된 뒤에 다시 충전한다고 가정할 경우의 수치다. 요컨대 수시로 충전과 방전을 반복하는 하이브리드 자동차의 경우, 수명이 더욱 짧아져서 5~7년 정도면 배터리를 교환할 필요성이 생긴다.(완전 방전과 완전 충전을 반복하는 경우는 거의 없기 때문에 실제로는 배터리 수명이 더 길 가능성이 높다.)

하이브리드 자동차 제조 회사들이 차체와 배터리의 수명이 같아지도록 배터리 관리 방법을 궁리하고 있지만, 그래도 사용 방식에 따라서는 배터리가 더 일찍 수명을 다하는 경우를 충분히 생각할 수 있다.

교환 비용은 배터리의 종류나 용량에 따라 다른데, 프리우스(ZVW30 모델)나 아쿠아의 경우 약 10만 엔 전후라고 한다. 그러나 이것은 현 시점에서의 비용이므로 3~5년 후에는 지금보다 저렴해질 가능성이 충분하다. 자동차 제조 회사가 충전 횟수나 급속 충전 능력이 더욱 우수한 배터리(예를 들어 도시바의 리튬 이온 배터리 SCiB)를 채용하는 예도 늘고 있으며, 매년 배터리 비용이 하락하는 추세이기 때문에 배터리 교환 부담은 앞으로 더욱 줄어들 것으로 예상된다.

　이렇게 해서 엔진에 비해 부품 수가 적고 열이나 진동의 발생도 적은 모터가 주요 동력이 되면 배터리의 내구성에 따라 자동차의 '평균 수명'을 20~30만 킬로미터로 연장하는 것도 불가능한 일은 아닐지 모른다. 그렇게 되면 자동차는 더더욱 친환경 탈것으로 변모해갈 것이다.

하이브리드 자동차의 배터리가 열화하면 충전·방전할 수 있는 전력이 줄어들기 때문에 전기 자동차 모드의 주행 거리가 짧아지고, 엔진 힘으로 모터를 구동해 발전하는 시간이 늘어난다. 하이브리드 자동차에 사용하는 배터리는 수백 회의 충전·방전을 반복할 수 있도록 만들어져 있는데, 수명을 다한 뒤에는 주택용 축전지로 재활용할 수 있다.

사진 제공 : 혼다기연공업

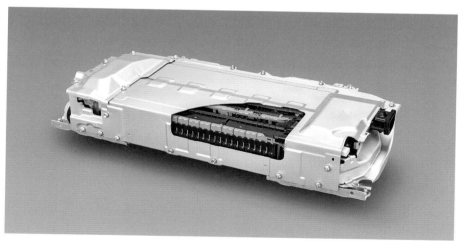

프리우스의 일부 모델에는 고성능 리튬 이온 배터리도 사용하고 있다. 에너지 밀도가 높고 충전·방전 효율도 우수한 것이 특징이다.　사진 제공 : 토요타 자동차

'SUPER GT'에 참가 중인
프리우스는 어떤 모델일까?

--------→ 'SUPER GT' 선수권은 일본에서 개최하는 투어링카 레이스 중 최고봉이다. 이 레이스에 프리우스로 참가하고 있는 팀이 있다. 다만 이것은 시판용 프리우스를 기반으로 한 것이 아니라 레이싱 전용으로 개발한 차량으로, 엔진은 시판차(1.8리터)보다 큰 3.4리터의 V형 8기통 엔진을 운전자 뒤쪽에 미드십 레이아웃으로 탑재했다. 이름이나 헤드램프 주변 등 겉모습은 프리우스와 같지만 완전히 별개의 자동차인 것이다.

프리우스의 원메이크 레이스(모두가 같은 사양의 엔진 또는 레이싱 머신으로 겨루는 레이스-옮긴이)는 연비를 겨루지만, 이 SUPER GT에서 연비가 좋기만 해서는 우승할 수 없다. 역시 시판차의 차체나 레이아웃으로는 세계 정상급 투어링카 레이스에서 경쟁하기 어려운 까닭에 레이싱 머신으로 새로 설계·제작한다. 시판차의 경우는 금형을 만들고 강판을 프레스, 용접해 모노코크 차체를 만들지만, 이 레이싱 머신은 탄소강 파이프를 용접해서 만든 스페이스 프레임에 탄소 섬유나 유리 섬유로 만든 차체 카울을 장착했다. 다만 SUPER GT에 참가한 프리우스에 사용한 모터와 배터리는 기본적으로 시판차와 같은 것이다.

프리우스로 레이스에 참가하는 목적은 하이브리드 기능의 신뢰성을 확인하고, 하이브리드 자동차가 가속 성능이나 연비에 얼마나 기여할 수 있는지 조사하기 위함이다. 또한 프리우스의 지명도 상승이나 이미지 형성 같은 측면도 있을 것이다.

프리우스는 2012년부터 참가해 개성 넘치는 자동차로 가득한 GT300 클래스에서도 주목을 모았으며, 2013년에는 첫 우승을 차지했다. 참고로 GT300 클래스에는 프리우스 외에 혼다의 하이브리드 스포츠카인 'CR-Z'를 기반으로 한 머신도 참가한다.

SUPER GT에 참가한 프리우스는 '생김새'가 시판차와 비슷하지만 강관 스페이스 프레임을 사용했고, 미드십 레이아웃의 V6 엔진과 모터를 조합해서 탑재한 완전한 레이싱 머신이다. 사진 제공 : 이케다 신노부

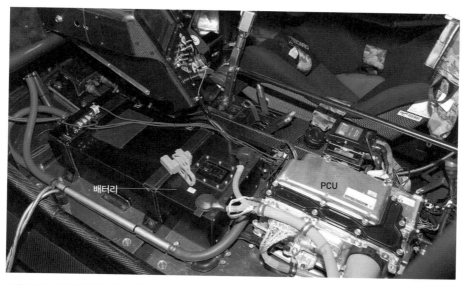

모터, 배터리, PCU(파워 컨트롤 유닛) 등은 시판차의 부품과 같은 것을 이용했다. 사진 제공 : 이케다 신노부

고급차의 하이브리드 채용은 무엇을 의미할까?

------→ 일본이나 유럽 자동차 제조 회사는 고급차에도 하이브리드 모델을 내놓고 있다. 렉서스의 'LS600h'나 닛산의 '푸가 하이브리드', 메르세데스 벤츠의 'S400 하이브리드', BMW의 'BMW 액티브 하이브리드 7/액티브 하이브리드 5' 등이 대표적인 예다. 고급차의 경우도 연비를 높이는 데는 하이브리드 시스템이 매우 효과적이다. 고급차는 배기량이 크므로 엔진을 멈춘 채 주행할 수 있다면 연비가 크게 향상된다. 시가지에서 발진과 정지를 반복해야 할 때는 물론이고 고속도로에서 일정 속도로 순항할 때는 모터 주행으로 전환하는 모드를 갖춘 고급차가 있을 정도다.

또한 판매 차종 전체의 평균 연비를 높이면 자동차 제조 회사가 유럽과 미국 시장에서 내야 하는 세금이 경감된다. 나아가 회사 차량으로 고급차를 구입하는 기업 중에는 '환경 보호를 중시한다.'라는 이미지를 홍보하기 위해 연비 성능이 우수한 자동차를 선호하는 곳도 적지 않다.

혼다의 '어코드 하이브리드'는 고급차이면서도 소형차 수준의 연비를 실현한 경이로운 하이브리드 자동차다. 2014년에는 플러그인 하이브리드 자동차로 진화해, 연비가 악화되기 쉬운 시가지에서도 전기 자동차 모드로 약 35킬로미터의 주행이 가능하다. 이것은 배터리 용량이 충분하기 때문이다. 게다가 플러그인 하이브리드이므로 하루 주행 거리가 짧다면 휘발유를 한 방울도 쓰지 않고 귀가할 수 있다. 이렇게 되면 소형차와 고급차의 차이에서 오는 약간의 전기 요금 차이밖에 나지 않는다.

혼다의 레전드 하이브리드는 V6 엔진을 탑재하고 전륜에 1모터, 후륜에 좌우 독립식 2모터를 채용해 강력한 가속력과 16.8km/L(JC08모드)라는 우수한 연비를 자랑한다. 또한 후륜 모터의 구동력을 제어해 안정된 코너링도 실현했다.

사진 제공 : 혼다기연공업

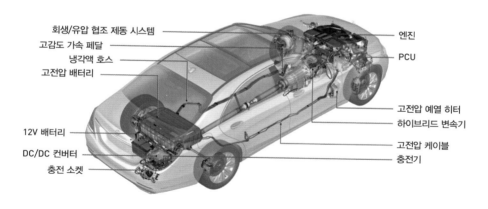

메르세데스 벤츠 S클래스에도 하이브리드 모델이 있다. 세로로 배치된 변속기의 토크 컨버터 부분을 모터와 클러치로 치환하고, 배터리와 PCU를 장착해서 하이브리드 자동차로 탈바꿈했다. 그림은 가솔린 엔진을 탑재한 S500 플러그인 하이브리드인데, 더 효율이 높은 디젤 엔진과 하이브리드를 조합한 S300h는 최고급 대형차이면서도 20.7km/h(JC08모드)라는 우수한 연비를 자랑한다. (JC08모드는 일본의 연비 측정 기준으로, 2011년 4월부터 사용이 의무화되었으나 실제 연비와는 거리가 멀다는 비판이 있다. 2018년 10월부터는 국제 기준인 WLTP로 바뀔 예정이다. – 옮긴이)

그림 제공 : 메르세데스 벤츠

페라리에도
하이브리드 자동차가 있다?

--------→ 슈퍼카 제조 회사인 이탈리아의 페라리도 하이브리드 자동차를 생산한다. 바로 '라 페라리'라는 자동차다. 미드십 레이아웃의 V형 12기통 엔진과 함께 구동용 모터도 탑재했다. 800마력(ps)의 엔진에 163마력의 모터를 조합해서 강력한 가속력을 자랑하면서도 이산화탄소 배출량을 극적으로 절감했다. 2013년 3월에 페라리의 새로운 플래그십 모델로서 499대를 한정 생산한다는 발표가 있었다.

다만 발진할 때나 저속 주행을 할 때, 모터만으로 주행하는 전기 자동차 모드 같은 것은 없기 때문에 일반적인 하이브리드 자동차와는 다르다. 페라리의 하이브리드는 F1 머신에 탑재하는 KERS(Kinetic Energy - Recovery System)와 마찬가지로 감속할 때 운동 에너지를 전력으로 회수해서 가속할 때 엔진과 함께 구동한다. 이 시스템 덕분에 이전 세대 모델을 능가하는 가속력과 높은 연비를 실현했다.

이탈리아의 자동차답게 화려하고 선진적이면서 기존의 레이싱 스포츠카를 떠올리게 하는 매력적인 스타일링을 갖춘 이 자동차는 가격이 130만 유로나 되었지만, 전 세계의 부유층 사이에서 인기를 모아 구매 희망자가 1,000명 이상 몰려들었다고 한다.

슈퍼카 하이브리드 모델은 페라리 이외에도 있다. 포르쉐(한국 법인명을 따라 포르쉐로 표기)의 '918 스파이더'는 포르쉐의 미드십 슈퍼카인 '카레라 GT'의 후속 모델로 개발되었다. 엔진은 카레라 GT의 V형 10기통 5.7리터에서 V형 8기통 4.6리터

라 페라리에는 F1 머신에 탑재하는 에너지 회생 장치(KERS)와 유사한 하이브리드 시스템 HY-KERS가 들어간다. 감속할 때 리어에 세로로 배치한 변속기의 뒤쪽 끝에 장착한 모터로 회생 충전을 실시하고, 가속할 때는 가속을 보조해서 강력한 가속력과 환경 성능을 동시에 충족한다. 사진 제공 : 페라리

포르쉐도 '918 스파이더'라는 고급 미드십 스포츠카에 하이브리드 시스템을 채용했다. 미드십 레이아웃의 엔진과 변속기 사이에 모터를 장착하고, 전륜에도 모터를 장치해서 전기 자동차 주행에서도 강력한 가속력과 4WD 특유의 높은 조종 안정성을 실현했다. 그림 제공 : 포르쉐

로 축소되었지만, 프런트 타이어는 각각 독립된 모터로 구동하며 리어 타이어도 변속기에 장비한 모터가 보조한다. 이에 따라 전기 자동차 모드로도 약 30킬로미터의 주행이 가능할 뿐만 아니라, 풀타임 4WD로 조종 안정성과 가속 성능의 향상도 꾀했다.

맥라렌도 'P1'이라는 슈퍼카에 독자적인 하이브리드 시스템을 탑재했다. 이 차는 737마력의 V형 8기통 터보 엔진에 179마력의 모터를 조합했다. 전기 자동차 모드로 10킬로미터의 주행이 가능할 뿐만 아니라 최대 가속 시 도합 916마력의 출력으로 맹렬하게 가속한다.

이런 슈퍼카를 구입하는 사용자는 부유층이기 때문에 연비를 신경 쓰는 사람은 그리 많지 않다. 그러나 오늘날은 자동차 제조 회사에도 연비나 배기가스 규제를 만족시킬 수 있을 정도의 기술력이 요구되는 시대다. 또한 그런 청정하고 환경에 이로운 슈퍼카를 모는 행태를 '멋지다'고 생각하는 사용자가 늘고 있다. 따라서 앞으로는 슈퍼카 세계에서도 하이브리드 자동차가 증가할 것으로 예상된다.

한정 판매 모델이었던 하이브리드 슈퍼카 '라 페라리'는 순식간에 예약이 완료되었다. 사진 제공 : 페라리

페라리의 하이브리드 자동차에 아페르타라는 컨버터블 모델이 새로 추가되었다. 사진 제공 : 페라리

파워 유닛과 주행 성능은 유지하면서 컨버터블의 상쾌함과 왕년의 레이싱 카 같은 분위기를 연출했다. 사진 제공 : 페라리

르망 24시 레이스는 하이브리드 자동차가 아니면 우승할 수 없다?

------→ 르망 24시 레이스는 세계 3대 레이스(인디500, 모나코 그랑프리, 르망 24시 레이스) 중 하나로 긴 역사와 전통을 자랑하는 대회다. 레이스 시간에만 일반 도로를 봉쇄하고 '부가티 서킷'과 연결해서 만든 13.6킬로미터에 이르는 장거리 코스를 드라이버 3명이 교대하면서 24시간 동안 계속 달리는 경기로 차량과 운전자에게 엄청난 강인함이 요구된다.

아우디는 1999년부터 LMP(Le Mans Prototype) 머신으로 르망 24시 레이스에 도전한 이래 2014년까지 13회나 우승을 차지했다. 2006년부터는 파워 유닛에 디젤 엔진을 채용한 'R10'으로 진화했고, 2012년부터는 디젤 엔진에 모터를 조합한 하이브리드 자동차로 진화했다. 아우디가 연비 성능이 우수한 디젤 엔진에 모터를 조합한 데는 2009년에 역시 디젤 엔진을 탑재한 라이벌 푸조에 우승을 빼앗긴 영향이 있었는지도 모른다.

하이브리드화의 이점은 물론 연비 향상만이 아니다. 리어 타이어를 엔진으로, 프런트 타이어를 모터로 구동하는 4WD 방식으로 만들면, 가속력을 강화하면서 타이어의 부담을 더욱 균등화할 수 있다는 것도 커다란 강점이다. 24시간 동안 계속 빠르게 달리기 위해서는 연료와 타이어의 소비를 얼마나 억제할 수 있느냐가 중요하기 때문이다.

2012년부터 토요타도 르망 제패를 목표로 개발한 하이브리드 LMP 머신

'TS030'으로 참가하고 있다. 포르쉐도 르망에서 영광을 되찾고자 '919 하이브리드'로 2014년부터 참가하고 있다. 각 자동차 제조 회사의 파워 유닛의 사양과 레이아웃 등은 미묘하게 다르다. 독자적인 사양으로 레이스에서 우승해 자사의 높은 기술력을 과시하는 것이 목적이기 때문이다. 그런 배경을 이해하고 르망 24시 레이스를 관람하면 경기가 한층 재미있게 느껴질 것이다.

토요타 'TS050 하이브리드' 사진 제공 : 토요타 자동차

V6 트윈 터보 가솔린 엔진을 미드십 레이아웃으로 탑재하고, 변속기와 전륜 양쪽에 모터를 장착했다. 최고 출력은 엔진이 500마력, 전후의 모터가 도합 500마력이다. 하이브리드 시스템 전체로는 1,000마력이다. 사진 제공 : 토요타 자동차

아우디 'R18'은 V형 6기통 디젤 엔진을 미드십 레이아웃으로 탑재해 후륜을 구동하고 모터로 전륜을 구동한다. 디젤 엔진이 4리터의 배기량으로 558마력을 발생시키고, 모터가 475마력을 발휘하므로 시스템의 전체 출력은 1,033마력이다.

사진 제공 : 아우디

포르쉐 '919 하이브리드'는 V형 4기통 터보 엔진을 미드십 레이아웃으로 탑재하고 전륜을 모터로 구동한다. 엔진이 500마력, 모터가 400마력을 발생시켜 최고 900마력의 시스템 파워를 자랑한다. 독특한 점은 회생 충전과 함께 배기가스의 에너지로 발전기를 돌려서 배터리에 전력을 축적하고, 이를 이용해 모터에 더 많은 전력을 공급하는 시스템을 채용한 것이다.

사진 제공 : 포르쉐

르망 24시 레이스에서 13회 우승을 차지한 아우디의 최신 르망 프로토타입 1(LMP1), R18이다. 공기 저항을 적게 받는 차체와 V6 디젤 엔진에 모터를 조합한 하이브리드 시스템을 탑재했다. 사진 제공 : 아우디

엔진에서 나오는 배기가스의 압력을 터보차저와 발전기에 분배해 엔진 파워의 조절과 배터리 충전에 이용하는 것이 특징이다. 프런트 모터는 매우 강력해서, 감속할 때 발전기가 되어 회생 에너지로 배터리를 충전한다.

그림 제공 : 포르쉐

마일드 하이브리드는
무엇이 다를까?

--------> 프리우스 같은 하이브리드 자동차는 **풀 하이브리드**라고도 불리며, 폭넓은 주행 영역에서 모터와 엔진을 조합해 주행한다.(토요타는 '스트롱 하이브리드'라고 부른다.) 그러나 하이브리드 자동차의 연비를 끌어올리는 주역은 감속할 때의 회생 충전과 고부하(발진, 가속) 상황에서의 보조다.

그래서 이 부분만을 엔진에 추가한 간이형 하이브리드가 있다. 이것을 유럽에서는 **마일드 하이브리드**라고 부른다. 마일드 하이브리드는 아이들링 스톱, 발진이나 가속할 때의 보조, 감속할 때의 회생 충전을 위해 기존의 발전기를 개량한 ISG를 탑재한다. 이것은 **엔진의 스타트 모터와 발전기를 일체화하고 강력한 모터를 탑재한 것**이다.

발전기를 돌리던 벨트는 엔진을 보조하기 위해 큰 힘을 전달해야 하므로 더 강인한 것을 사용할 필요가 있지만, 엔진이나 구동계는 기존의 것을 그대로 사용할 수 있으므로 차량 가격도 크게 올라가지 않는다. 물론 부하가 클 때만 모터가 보조하므로 연비 성능이 향상된다. 스즈키는 이와 같은 시스템을 S – 에너차지라는 명칭으로 채용하고 있다. 가속이 강력해지고 연비도 향상되는 시스템이므로 하이브리드화를 하면서 늘어난 비용을 메우고도 남을 만큼의 이점이 있는 장비다.

유럽에서는 효율을 높이기 위해서 하이브리드 부분을 고전압화한 **48볼트 시스템**이라는 것을 고안해 보급하려 하고 있다. 이에 따라 "모터는 한층 강력해지고 감속할 때 회생 충전으로 발전량을 늘릴 수 있다."라는 것이 유럽 부품 공급자들의 주장이다. 이런 마일드 하이브리드 시스템은 앞으로 더욱 보급될 것이다.

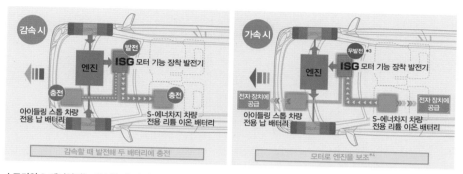

스즈키의 S-에너차지는 감속할 때 발전량을 늘려서 전용 배터리에 충전하며, 가속할 때 발전기를 모터로 이용해서 엔진을 보조한다. 이 덕분에 연료 소비를 억제한다. 이것이 마일드 하이브리드다. 유럽에서는 전압을 48볼트로 높여서 효율을 더욱 향상한 하이브리드 시스템을 개발했다. 그림 제공 : 스즈키

닛산이 '세레나'에 채용한 S-하이브리드도 스즈키와 마찬가지로 마일드 하이브리드다. 기존의 발전기를 구동하는 벨트보다 튼튼한 벨트로 ISG와 엔진을 연결했다. 사진 제공 : 닛산 자동차

세련된 하이브리드
BMW 'i8'

--------→　친환경이 주류가 되면서 자동차도 속도와 아름다움, 운전의 즐거움 같은 매력을 버리고 실용성과 환경 성능만을 추구하게 될까?

'i8'은 자동차 애호가들의 이와 같은 걱정에 BMW가 보내는 대답이다. 이것은 2009년 독일 프랑크푸르트 모터쇼에 '비전 이피션트다이내믹스'(Vision EfficientDynamics)라는 이름으로 출품했던 콘셉트 카를 양산차로 시판한 것이다. 지금까지 환경 성능을 의식한 스포츠카는 있었지만, i8의 고성능은 특출하다.

리어에 탑재한 1,000cc의 3기통 엔진(231마력)이 후륜을 구동하고, 프런트에 탑재한 모터(131마력)가 전륜을 구동한다. 전체 출력은 이 둘을 조합한 362마력이며, 최고 속도는 시속 250킬로미터(유럽 사양)다. 또 전륜만을 모터로 구동하는 전기 자동차 모드로 40.7킬로미터나 달릴 수 있다. 일본의 연비 측정 방식인 JC08모드의 연료 효율은 1리터당 19.4킬로미터이지만, 플러그인 하이브리드 자동차이기 때문에 배터리가 완전히 방전되지 않도록 달릴 때마다 충전을 해주면 휘발유를 거의 소비하지 않는다.

차체의 중심에는 세로로 길게 정렬한 리튬 폴리머 배터리가 있다. 무게가 나가는 물건을 무게중심과 가까운 위치에 배치해 운동 성능도 우수하다. 코너링 성능도 뛰어난데, F1에서 배양한 기술을 투입했기 때문이다. 4인승 차량이면서도 이 정도의 성능을 실현한 것은 역시 BMW답다는 찬사가 절로 나온다.

가격은 1억 9,680만 원으로 슈퍼카 수준이지만(2017년 5월 기준), i8은 최첨단 레이싱 기술과 하이브리드 기술을 자동차 하나에 집약한 신세대 스포츠카다.

낮은 차체의 BMW 'i8'. 콘셉트 카인 '비전 이 피션트다이내믹스'에서 변경된 부분은 거의 없다. 콘셉트 카로 발표된 뒤, 이 정도로 미래 지향적인 자동차가 시판된 것에 자동차 업계 는 충격을 받았다. 사진 제공 : BMW

뒷좌석의 공간이 조금 좁은 2+2의 레이아웃 이지만, 스포티한 고성능 쿠페로서의 충분한 성능과 하이브리드 자동차로서의 환경 성능을 겸비했다. 사진 제공 : BMW

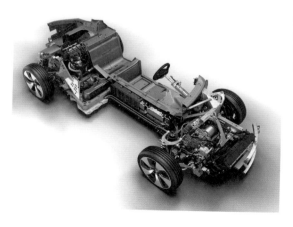

i8은 모터가 전륜을, 엔진이 후륜을 구동한다. 배터리와 연료 탱크는 그 사이에 길쭉하게 배 치되어 있다. 엔진에는 6단 자동 변속기가 장 착되었으며, 모터에도 감속 기어가 장비되어 있다. 사진 제공 : BMW

벤츠의 48볼트 마일드 하이브리드

········→ 간이형 하이브리드를 유럽에서는 마일드 하이브리드라고 부른다.(2-18 참조) 앞서 살펴봤듯 마일드 하이브리드는 시스템 구성이 간단해 기존 엔진에 쉽게 추가할 수 있다는 장점이 있다. 즉 기존 내연기관 시스템에 비해 가격이 크게 비싸지 않다는 이야기다.

메르세데스 벤츠는 최근 6세대 부분 변경 S 클래스에 48볼트 마일드 하이브리드 시스템을 얹은 직렬 6기통 가솔린 엔진(M256)을 탑재해 공개했다. 48볼트 마일드 하이브리드의 핵심은 ISG라고 할 수 있다. ISG는 엔진 구동을 적절하게 제어해 효율을 높이고, 감속 상황에서 제동 에너지의 약 80퍼센트를 회수한다. 이렇게 얻은 에너지는 스티어링 휠을 보조하고 에어컨 냉매를 압축하며 냉각수를 순환시킨다. 또한 전기 터보를 돌려 저회전 토크를 개선하는 동시에 터보 지체 현상을 줄인다. 이 덕분에 차량의 효율이 개선된다.

벤츠의 직렬 6기통 M256은 벨트리스(beltless) 엔진으로 불리기도 한다. 말 그대로 벨트가 없다는 뜻이다. ISG가 발전기 역할을 대신하고, 워터펌프와 에어컨 컴프레서가 전동식이다 보니 엔진에 벨트가 없는 것이다. 참고로, 48볼트 전압으로 구동되기 때문에 48볼트 마일드 하이브리드 시스템으로 불리지만 차체에 쓰이는 모든 전압이 48볼트는 아니다. 자동차의 다른 시스템은 아직 12볼트를 사용하기 때문이다.

48볼트 마일드 하이브리드 시스템은 처음부터 모듈화를 염두에 두고 설계되었다. 따라서 이 시스템은 앞으로 4기통과 8기통 같은 다른 엔진에도 적용될 가능성이 높다. 기존 차량의 엔진과 구동계를 이용할 수 있다는 점에서 마일드 하이브리드는 앞으로도 적용 범위가 넓어질 전망이다.

48볼트 마일드 하이브리드 시스템은 차량의 연비를 눈에 띄게 개선하는 효과가 있다. 사진 제공 : 메르세데스 벤츠

기존 차량의 엔진과 구동계를 활용할 수 있는 게 마일드 하이브리드의 장점이다. 사진 제공 : 메르세데스 벤츠

자율 주행 기술이 실용화되면 연비는 향상한다?

— 현재 구글과 자동차 제조 회사, 자동차 부품 제조 회사, 전자 제어 소프트웨어 회사들은 자율 주행 자동차의 개발에 힘을 쏟고 있다. 스스로 주행하는 자동차로, 로봇 카로도 불린다. 스티어링이나 가속 페달, 브레이크 페달 등을 인간 대신 조작하고, 운전 조작 실수나 안일한 판단이라는 인간 특유의 문제를 해결해서 안전한 교통 사회를 실현하자는 것이 자율 주행 자동차의 목적이다.

자율 주행 기술은 안전성뿐만 아니라 자동차의 연비 향상에도 공헌할 것이다. 일반적인 운전자는 불필요한 가속이나 감속 조작을 많이 하는 경향이 있으며, 신호등이 있는 교차로에서 정지하거나 발진하는 것도 연비에 악영향을 끼친다. 자율 주행 자동차가 보급되면 누구나 의식하지 않고도 신호를 예측하며, 그에 맞춰 적합한 운전을 할 수 있어서 낭비 없는 주행을 할 수 있다.

사실 이미 양산차에 탑재가 진행되고 있는 액티브 크루즈 컨트롤(ACC)로도 상당한 연비 개선 효과를 노릴 수 있다. 전방의 자동차와 차간 거리를 유지하면서 순항하도록 속도를 조절하면 자연스럽게 도로 정체가 발생하지 않는 효과를 기대할 수 있기 때문이다.

완전한 자율 주행 자동차가 보급되면 교통사고에 따른 도로 정체는 크게 줄어들 것이다. 이에 따라 불필요한 가속이나 감속이 줄어들어 연비가 확실히 향상하고, 이산화탄소의 배출이나 대기 오염도 더욱 감소할 것이 틀림없다.

CHAPTER 3

전기 자동차

–

강력한 토크와 가속력의 실현

전기 자동차는 배터리를 충전해서 그 전력으로 모터를 구동해 달린다. 이 장에서는 단순한 구조로 강력한 가속과 청정한 주행이라는 두 마리 토끼를 잡은 전기 자동차에 대한 몇 가지 의문에 대답한다.

BMW는 엔진 기술이 우수한 회사이지만 전기 자동차에도 힘을 쏟고 있다. 사진은 탄소 섬유로 만든 모노코크 차체를 채용한 혁신적인 전기 자동차 BMW 'i3'다. 사진 제공 : BMW

전기 자동차는
휘발유가 필요 없는가?

──────→ 하이브리드 자동차와 달리 전기 자동차는 기본적으로 배터리에 충전된 전기만을 사용해 주행한다. 가정이나 직장의 주차장에서 배터리를 충전하기만 해도 매일 이동에 사용할 수 있으므로 간편하고 편리성이 높다. 그런데 전기 자동차 중에도 휘발유가 필요한 모델이 존재한다. 작은 발전용 엔진을 탑재한 레인지 익스텐더라는 전기 자동차다. 레인지 익스텐더란 '행동반경을 넓히는 것'이라는 의미인데, 발전하면서 주행이 가능한 기능을 탑재해서 배터리의 능력 이상으로 연속 주행 거리를 늘린 전기 자동차다.

레인지 익스텐더는 전기 자동차이면서 작은 엔진과 연료 탱크를 장비하기 때문에 배터리 충전만으로 주행을 반복하면 연료 탱크 안의 휘발유가 오래되어 변질될 수도 있다. 이런 사태를 방지하려면 연료 탱크 안의 휘발유를 정기적으로 교체하기 위해 연료를 소비할 필요가 있다. 오랫동안 운전을 하지 않으면 엔진 자체도 가동 부분이 고착되거나 부식 또는 오일 누유가 발생한다. 엔진 오일이나 냉각액의 정기적인 교환도 필요하므로 하이브리드 자동차와 같은 유지 관리가 필요하다. 유지 관리를 게을리하면 엔진 상태가 나빠진 것도 알지 못한다. 그 결과 필요할 때 엔진이 발전을 해주지 않는다면 엔진을 탑재한 의미가 없다.

가솔린 자동차라면 정비소가 딸린 주유소에서 연료를 주유할 때 엔진 룸을 점검받고 엔진 오일이나 냉각액을 교환할 기회도 있다. 그러나 레인지 익스텐더 전기 자동차는 배터리 충전만으로 계속 달릴 경우 주유소에 들를 필요가 없다. 그렇다면 자동차 검사를 할 때 문제가 없는지 점검받는 것이 무난할 것이다. 전기 자동차라고 해도 제동 장치나 스티어링 장치 등은 가솔린 자동차와 구조가 거의 같으므로 자동차 검사를 받는다. 전기 자동차가 상당 수준 보급되기까지는 구매처에서 제대로 정비를 받아야 할 것이다.

이와 같이 레인지 익스텐더 전기 자동차는 하이브리드 자동차와 전기 자동차의 중간 형태이므로 배터리 성능이 향상되거나 충전 시스템이 혁신적으로 진화한다면, 언젠가는 모습을 감출지도 모른다.

BMW 'i3'에 레인지 익스텐더 옵션을 탑재한 모델이다. 레인지 익스텐더는 보조 발전용 가솔린 엔진을 이용해 1회 충전으로 가능한 연속 주행 거리를 늘린다. 레인지 익스텐더를 탑재했을 경우 발전용 연료로 가솔린을 싣는다. 사진 제공 : BMW

모터는 내연 기관보다 에너지 효율이 좋다?

--------→ 가솔린 엔진의 열효율은 최신 친환경 자동차라 해도 35퍼센트 정도다. 디젤 엔진의 경우도 45퍼센트 정도라고 한다. 마찰에 따른 손실이 발생하고 연소로 발생한 열의 대부분을 그냥 버리기 때문이다. 반면에 모터는 전력의 90퍼센트를 구동력으로 변환하기 때문에 에너지 효율의 측면에서 바라보면 압도적으로 효율이 높다. 이것은 모터 구조가 단순하여 손실이 적기 때문이다. 현재 가솔린 자동차의 최종적인 에너지 효율은 10퍼센트 미만, 하이브리드 자동차는 20퍼센트 미만, 전기 자동차와 연료 전지 자동차는 30퍼센트 미만으로 알려져 있다.

다만 화력 발전소의 에너지 효율이 40~60퍼센트이며, 송전을 위한 변압이나 전선에서의 손실도 5~10퍼센트 존재한다. 한편 휘발유 같은 화석 연료는 증발하는 분량을 제외하면 연료 탱크에 채울 때까지의 손실이 매우 적다.(물론 이런 점을 고려해도 전기 자동차는 여전히 고효율이다.)

엔진도 과거에 비하면 상당히 개선되어서, 실제 연료 효율은 20년 전과 비교했을 때 2배 가까이 향상되었다. 엔지니어들은 지금까지 엔진의 온갖 부분을 재검토하며 조금씩 손실을 줄이고 효율을 높여왔다. 가솔린 자동차의 효율은 앞으로도 열효율의 향상과 주행 저항의 절감 등을 통해 더욱 향상될 것이다. 지금까지 무의미하게 버려지던 에너지를 회수하는 일도 커다란 과제인데, 일례로 여열을 이용한 발전이 있다.

한편 전기 자동차의 차체는 이미 충분히 효율적인 형상이기 때문에 앞으로 대폭적인 향상을 기대하기 어려울지도 모른다. 그러나 배터리의 에너지 밀도나 충전 시스템의 개선이 진행된다면 편리성이 크게 향상되어 전기 자동차의 보급을 가속화할 수 있을 것이다.

향후 재생 가능 에너지를 사용하는 소규모 발전소들이 네트워크화되고, 이와 동시에 스마트 그리드(Smart Grid. 차세대 송전망)가 구축된다면 기존의 송전 손실도 줄일 수 있을지 모른다.

인휠 모터는 자동차의 휠 속에 모터를 장치해서 직접 타이어를 구동하기 때문에 전기 자동차 중에서도 특히 에너지 효율이 높다고 알려져 있다. 현재 얇고 작은 인휠 모터가 개발되고 있는데, 이것이 보급된다면 소형차급 전기 자동차의 성능이 크게 향상되어 근거리 이동에 매우 편리하고 친환경적인 탈것이 될 것이다. 사진 제공 : 다카네 히데유키

닛산 '리프'의 파워 유닛은 아래쪽 3분의 1이 모터이며 그 위에 전류를 변환하는 인버터와 전류를 제어하는 PIU가 있다.
사진 제공 : 닛산 자동차

전기 자동차는
변속기와 클러치가 없다?

--------→ 　엔진에는 효율적인 회전수라는 것이 있다. 그래서 자동차의 상황에 맞춰 최적의 회전수를 얻기 위해 존재하는 것이 변속기다. 예를 들어 발진을 할 때는 적은 회전수로도 커다란 토크를 얻을 수 있는 기어를 사용하지만, 고속 주행을 할 때는 관성의 힘이 작용하므로 엔진의 회전을 억제해 매끄러운 주행과 연비의 향상을 꾀할 수 있는 높은 기어(감속비가 적은 기어)를 사용한다. 또 후진할 때는 타이어에 전달되는 회전 방향을 정반대로 만들 필요가 있는데, 그냥은 역회전이 불가능하므로 기어가 필요하다.

　한편 모터는 정지 상태에서 자력의 흡인과 반발의 힘을 가장 크게 발휘하기 때문에 발진할 때부터 강력하게 가속할 수 있다. 또한 모터의 전력 소비는 주로 부하 크기의 영향을 받으므로 회전수가 상승해도 전력 소비는 그다지 증가하지 않는다. 발진할 때는 전력 소비가 증가하지만 그 후에는 속도를 높여도 전력 소비가 증가하지 않는 것이다.

　이 같은 이유로 전기 자동차에는 대개 변속기를 탑재하지 않는다. 고속 순항 시에 회전수를 떨어뜨리기 위해, 또 발진할 때 더 큰 토크를 얻기 위해 변속기를 채용하는 사례도 있지만, 경량화나 전달 효율의 측면에서 변속기를 탑재하지 않는 것이 일반적이다. 그래도 전기 자동차의 효율을 더더욱 추구하게 된다면 앞으로는 변속기를 탑재할지도 모른다. 그럴 경우는 변속 충격이 적고 전달 효율이 높은 듀얼 클러치 변속기(DCT)가 가장 유력한 후보다.

　또한 변속기가 없으므로 클러치도 없다. 클러치는 회전 중인 엔진으로부터 변속기로 동력을 전달하거나 차단하는 기구다. 수동 변속기뿐만 아니라 자동 변속기를 채용한 가솔린 자동차에도 토크 컨버터라는 액체 클러치가 탑재되어 있다.

닛산 '리프'의 엔진 룸에 있는 파워 유닛은 모터와 감속 기어(회전수를 떨어뜨려 토크를 증폭한다.) 좌우 타이어에 구동력을 배분하는 디퍼렌셜 기어만으로 구성된다. 아이들링 중에는 모터의 회전도 멈춘다. 그래서 구성 부품이 이렇게 매우 단순한 것이다.

사진 제공 : 닛산 자동차

독일 ZF사가 개발 중인 인휠 모터 유닛. 리어 타이어에 직접 모터를 장착하는 인휠 모터는 당연히 변속기가 없다. 휠을 직접 구동하므로 효율이 매우 높다. 사진에 보이는 감속기를 거쳐서 휠을 돌리기 때문에 실제로는 휠 안쪽에 모터가 없지만, 형식은 인휠 모터와 같다. 사진 제공 : 다카네 히데유키

고속열차에도 사용하는 회생 제동 장치란?

--------→ 　모터와 발전기는 '형제'라고도 할 수 있다. 모터가 전력을 구동력으로 변환하는 기계라면 발전기는 구동력을 전력으로 변환하는 기계다. 모터를 강제로 돌리면 발전이 가능한 것이다. 이 점을 이용한 것이 고속열차다. 고속열차는 전기로 달리는데, 제동을 걸 때 모터를 발전기로 작동시키고, 이를 통해 얻은 전력을 다른 열차에 공급한다. 전기 자동차의 모터도 감속할 때 발전기로 이용할 수 있다. 발전 중에는 저항으로 작용해서 더욱 감속하므로 가솔린 자동차의 엔진 브레이크와 같다.

　회생 제동 장치를 탑재하는 전기 자동차에는 자동 변속기 자동차의 셀렉터와 마찬가지로 발진할 때나 후진할 때 움직이는 레버가 있다. 보통 주행할 때는 D 레인지를 선택하지만, 가감속이 많을 때나 회생 충전을 우선하고 싶을 때 이용할 수 있는 모드도 준비되어 있다. 이 모드는 B(브레이크) 모드 등 회사에 따라 표시가 다양한데, 최근 전기 자동차 중에는 회생 충전의 강도를 더욱 세밀하게 조절할 수 있는 기능을 갖춘 것도 있다.

　전기 자동차뿐만 아니라 하이브리드 자동차에서도 회생 제동을 이용한 충전은 연비를 높이기 위해 없어서는 안 될 기능이다. 엔진이 없는 전기 자동차가 연속 주행거리를 늘리려면 회생 제동을 통한 충전이 더더욱 중요하다. 회생 제동을 이용하더라도 발진과 정지를 반복해야 하는 시가지에서는 카탈로그에 나오는 연속 주행 거리를 실현하기 어렵지만, 회생 제동을 통한 충전이 에너지 손실을 크게 낮출 수 있음은 틀림없다. 가솔린 자동차에서 제동 과정 중 버려지던 열에너지를 에너지로 회수할 수 있으므로 효율이 높은 것도 당연하다.

그림1 회생 제동 장치의 구조

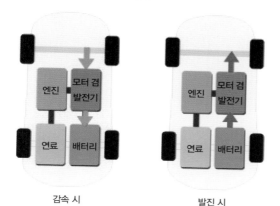

감속 시   발진 시

회생 제동 장치는 달리는 기세를 이용해 모터를 발전기로 돌리면서 그 저항을 제동력으로 삼는다. 이때 만든 전기는 배터리나 다른 장치에 공급한다. 사진 제공 : 토요타 자동차

그림2 유압식 제동 장치와 회생 제동 장치의 협조 작동 개념도

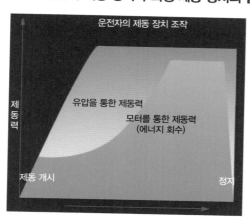

강한 제동력이 필요할 때나 완전히 정지할 때는 차륜에 있는 제동 장치를 사용한다. 회생 제동 장치의 작동으로 제동력이 크게 변화하지 않도록 협조 제어를 이용해 안정적인 제동력을 만들어낸다.
사진 제공 : 토요타 자동차

미쓰비시의 전기 자동차 'iMiEV'의 셀렉터 레버. 회생 제동의 효과를 강화하는 B레인지가 설정되어 있다. 사진 제공 : 미쓰비시 자동차

전기 자동차에는
어떤 배터리가 사용될까?

--------→ 　일반 자동차에 사용하는 배터리는 납과 묽은 황산을 반응시키는 **납산 배터리**다. 먼 옛날에는 전기 자동차도 납산 배터리를 사용했는데, 배터리를 많이 탑재하면 자동차가 매우 무거워진다. 그러면 움직임이 둔해질 뿐만 아니라 충돌했을 때의 안전성에도 문제가 생긴다. 무엇보다도 '배터리 운반차'처럼 되어버리는 주객전도의 상황이 발생한다. 그래서 같은 용적에 더 많은 전력을 저장할 수 있는 고성능 배터리를 탑재해 효율을 높이고 있다.

　얼마 전까지 충전 가능한 고성능 배터리의 주류는 **니켈 수소 배터리**였다. 양극에 니켈, 음극에 메탈하이브리드를 기반으로 한 다공질(多孔質) 물질을 사용해서 수소 이온을 주고받아 전기 흐름을 만든다. 니켈 수소 배터리는 제조 회사에 따라, 혹은 등급에 따라 성능에 차이가 있으며, 같은 크기라도 충전할 수 있는 용량이나 단숨에 방전할 수 있는 능력에도 차이가 있다. 가격이 부담 없고 일반 사용자가 손쉽게 다룰 수 있을 만큼 안전성도 높아서 건전지 유형의 2차 전지로는 지금도 주류다.

　한편 좀 더 성능이 우수해서 플러그인 하이브리드 자동차나 전기 자동차뿐만 아니라 스마트폰이나 휴대 전화, 노트북 등에도 주류로 사용하고 있는 것이 **리튬 이온 배터리**다. 리튬 이온을 배터리 용액 속에 녹이고, 양극과 음극 사이에서 이동시켜 전기 흐름을 만든다. 이온을 주고받는 전해질이 액체 상태이면 액체가 샐 우려가 있기 때문에 안전성을 높이기 위해 배터리 용액을 겔 형태로 만든 것도 있다.

일반적인 가솔린 자동차는 엔진 시동용 배터리로 납과 묽은 황산을 사용한 납산 배터리를 사용하는데, 전기 자동차는 에너지 밀도가 높은 배터리를 탑재해 연속 주행 거리를 늘렸다. 현재 가장 성능이 높은 배터리는 전극 사이에서 리튬 이온을 주고받는 리튬 이온 배터리다. 리튬 이온 배터리의 형태는 건전지와 같은 원기둥형과 휴대 전화의 배터리 같은 판형, 시트형 등 다양하다. 현재 가장 안전성이 높고 고성능인 것은 전해액을 겔 형태로 만든 리튬 폴리머 배터리다.

사진 제공 : 닛산 자동차

리튬 이온 배터리가 아무리 고성능이라 해도 셀(단위체) 한 개로는 전압이 낮아서 힘이 부족하다. 그래서 셀 여러 개를 직렬로 연결해 전압을 높이고, 이 배터리 팩을 병렬로 연결해 큰 전류를 단번에 방전할 수 있도록 만들었다.

또한 셀의 성능에는 약간이지만 개체별로 차이가 있기 때문에 사용하다 보면 충전이 불가능해지는 셀이 서서히 생긴다. 그래서 셀 몇 개에 문제가 발생하더라도 전

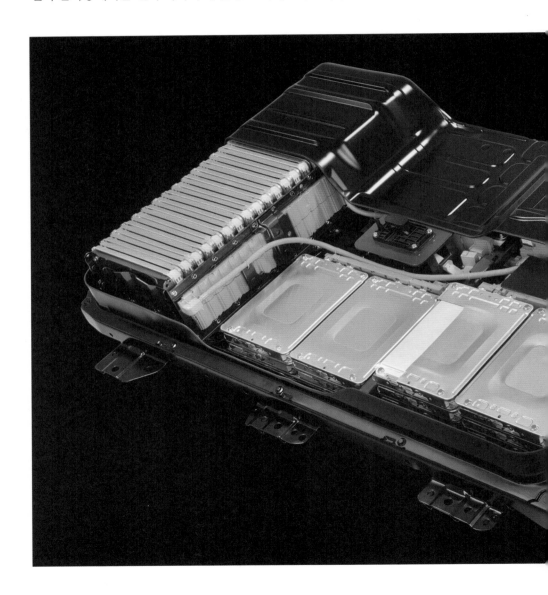

압이 떨어지지 않도록 배터리의 조합에 여유를 둔다.

  현재 중국과 한국, 일본 등지에서 리튬 이온 배터리를 생산하고 있으며 치열한 가격 경쟁이 벌어지고 있다. 현재 사용하는 리튬 이온 배터리의 용량을 2배로 늘리는 기술도 개발되고 있어서, 실용화한다면 전기 자동차의 연속 주행 거리가 단숨에 2배 가까이 증가할 것이라는 예상도 있다.

사진은 닛산 '리프'에 탑재한 리튬 폴리머 배터리다. 시트 형태의 셀을 쌓아서 세그먼트로 만들고 그 세그먼트를 다수 조합했다. 사진 제공 : 닛산 자동차

겨울에 배터리 성능이
떨어지지는 않을까?

········→ 아무리 고성능 배터리라도 날씨가 추워지면 효율이 떨어진다. 전기 자동차에 따라서는 배터리의 온도 저하를 방지하는 배터리 워머(warmer)도 탑재되어 있지만, 그럼에도 겨울철에는 연속 주행 거리가 짧아지는 경우가 있다.

전기 자동차는 엔진의 열을 이용하는 가솔린 자동차의 난방 시스템과는 달리 난방에도 전력을 사용해야 한다. 전기 자동차의 모터나 파워 컨트롤 유닛은 가솔린 자동차의 엔진처럼 뜨거워지지 않기 때문이다.

그런 효율이 떨어진 배터리를 혹사시켜 난방을 하면서 주행하면 순식간에 연속 주행 거리가 짧아진다. 완전 방전이 일어날 위험성도 있는 것이다. 겨울철에는 가급적 난방을 자제하는 것이 연속 주행 거리를 늘리는 비결이다.

물론 전기 자동차라고 해도 추운 겨울에 덜덜 떨면서 난방 없이 탈 수는 없다. 그래서 전기 자동차에는 시트 히터와 스티어링 히터 등 공간이 아니라 직접 몸을 덥혀주는 난방 장비가 충실히 갖춰져 있다.

또한 배터리에는 보호 기능이 탑재되어 있는데, 수명을 늘리려면 배터리를 완전히 방전하지 않는 편이 좋다. 어떻게 사용하느냐에 따라 충전 횟수에도 차이가 생기므로(개체차도 있지만) 자신의 자동차에 사용된 배터리의 종류나 특성을 이해하고 효과적으로 이용해야 한다. 참고로 전기 자동차의 에어컨은 가정용 에어컨과 같다. 물론 이용 공간이 좁으므로 가정용보다는 소비 전력이 적지만, 구조는 거의 같다.

배터리나 모터로 흐르는 전류를 제어하는 파워 컨트롤 유닛은 온도가 너무 낮아지지 않도록 공기나 물로 덥히며 관리한다. 극단적으로 온도가 낮을 경우, 냉각수나 배터리 모듈을 히터로 덥혀서 배터리의 온도를 높이고, 전압 강하를 막는다.

사진 제공 : 토요타 자동차

최근에는 영하 30도에서도 전압 강하를 일으키지 않는 리튬 이온 배터리도 등장했다. 사진 제공 : 다카네 히데유키

전기 자동차는
빠르게 달릴 수 있는가?

········→　전기 자동차라고 하면 작고 기능적인 스타일의 친환경 자동차를 떠올리는 사람이 많을 것이다. 예를 들면 초소형 자동차(2인승) 같은 탈것 말이다. 그러나 전기 자동차에도 다양한 종류가 있다.

2004년에 게이오기주쿠 대학을 중심으로 38개 기업이 협력해 제작한 전기 자동차 '엘리카'는 최고 시속 370킬로미터라는 고성능을 자랑한다. 4인승에 타이어가 8륜이라는 독특한 스타일인데, 각 휠에 모터를 장비해 포르쉐 911 터보와의 가속 경쟁에서 승리했을 정도다.(최고 속도 기록 도전 차량과는 별개의 사양) 물론 앞에서도 이야기했듯이 모터는 애초에 저회전 영역에서 토크가 강하므로 가솔린 자동차보다 가속이 빠른 전기 자동차는 드물지 않다.

스포츠형 전기 자동차의 대표는 2008년에 판매를 시작한 테슬라의 '로드스터'다. 이 차는 로터스의 '엘리스'라는 경량 스포츠카의 섀시를 바탕으로 제작한 전기 자동차다. 최고 시속 201킬로미터(리미터로 제한)에 가속 성능도 정지 상태에서 시속 100킬로미터까지 3.7초로 슈퍼카 수준의 동력 성능을 갖췄으며, 1회 충전으로 380킬로미터나 달릴 수 있다. 미국에서도 판매 가격이 10만 9,000달러로 고가였지만 부유층을 중심으로 인기를 끌었다.

2017년 현재, 세계에서 가장 빠른 전기 자동차는 스위스의 벤추리가 개발한 속도 기록용 자동차 VBB(Venturi Buckeye Bullet)-3다. 2016년 9월 22일에 시속 576킬로미터를 기록했다고 한다.

　2014년에 '포뮬러 E'라는 국제 대회가 개최되었다. 이것은 배터리와 모터를 사용해서 달리는 포뮬러 머신들의 대회다. 엔진으로 달리는 포뮬러 머신은 경기 중에 주유를 할 때도 있지만, 포뮬러 E는 아무리 급속 충전을 하더라도 충전에 시간이 너무 많이 걸리는 까닭에 충전이 완료된 배터리를 탑재한 스페어 머신으로 바꿔 타고 경기를 계속한다는 점이 독특하다. 다만 F1에서는 주유도 경기 운영 노하우와 실력을 비교할 수 있는 기회로 보기 때문에 앞으로는 포뮬러 E 대회에서도 배터리를 교환하는 방법이 도입될지도 모른다.

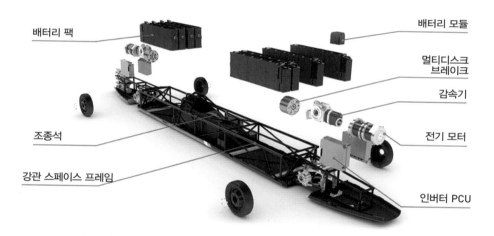

배터리 팩　　배터리 모듈　　멀티디스크 브레이크　　감속기　　조종석　　전기 모터　　강관 스페이스 프레임　　인버터 PCU

VBB는 스위스의 벤추리가 개발한 최고 속도 기록 도전용 전기 자동차로, 최고 시속 576킬로미터를 기록했다. 배터리 여러 개를 세로로 탑재해 공기 저항을 줄이고, 전력을 강력한 모터로 공급하는 구조다. 사진 제공 : 벤추리

테슬라의 모델S 사진 제공 : 테슬라

테슬라의 모델S는 고급 4도어 쿠페 전기 자동차인데, 최상급인 모델S 퍼포먼스 P100D는 앞뒤에 모터 3기를 탑재해 정지 상태에서 시속 100킬로미터까지 도달 시간이 불과 2.7초에 불과하다. 모델S는 이처럼 강력한 가속 성능을 자랑한다. 여기에 연속 주행 거리도 572킬로미터로, 실용성이 충분히 높은 고급차로서 인기를 모으고 있다.

사진 제공 : 테슬라

크로아티아의 전기 자동차 벤처 기업인 리막의 전기 슈퍼카, 콘셉트1. 사진 제공 : 리막 오토모빌리

앞뒤에 모터를 장비한 콘셉트1은 1,000마력이 넘는 출력을 자랑한다. 전후좌우의 모터 출력을 조절해 코너링의 안정성을 높이는 토크 벡터링 시스템도 탑재했다. 사진 제공 : 리막 오토모빌리

전기 자동차의 충전 시간은 어느 정도일까?

⋯⋯⋯→ 일반적인 전기 자동차의 경우, 급속 충전이라면 90퍼센트까지 충전하는데 30분 정도 걸린다고 한다. 완전 충전이 되지 않는 이유는 급속 충전을 위한 대전류로 100퍼센트까지 충전하면 배터리 셀이 손상될 위험성이 있기 때문이다. 완전 충전을 원한다면 낮은 전압으로 천천히 충전해야 한다.

전기 자동차는 발진이나 가속 등의 고부하 상황에서 전류를 단번에 방전하고, 충전량이 줄어들면 한꺼번에 충전하는 사례가 많다. 이 때문에 다량의 전기를 충전하고 방전하는 일을 반복하게 된다. 이렇게 되면 배터리 셀의 개체차가 서서히 커져서 전압차가 발생하기 때문에 이를 방지하기 위해 충전 종료 직전에 완전히 충전되지 않은 셀을 충전하는 조정을 실시한다.

리튬 이온 배터리는 충전 초기에 전기를 빨아들이듯이 충전을 진행하면서 전압을 높이지만 충전량이 일정 이상이 되면 전압 상승이 진정되며, 완전 충전에 가까워지면 전압이 거의 상승하지 않는다. 이 특성을 이용해 과충전을 막는다.

일반 충전은 4~12시간이 걸리는데, 충전기의 사양이나 전기 자동차의 배터리 용량에 따라 차이가 있다. 100볼트의 (일본) 가정용 전원으로는 8시간 정도가 걸리는 것이 일반적이지만, 닛산의 'LEAF to Home'과 같은 전용 충전기를 이용하면 충전 시간을 단축할 수도 있다.

다만 귀가 후에는 차고에 자동차를 주차해놓을 시간이 충분할 터이므로 요금이

저렴한 심야 전력으로 천천히 충전하는 것이 배터리를 위해서나 가계를 위해서나
이익이다.

외출을 할 때 급속 충전을 이용하면 약 30분 만에 90퍼센트 근처까지 충전할 수 있다. 고속도로의 휴게소에 급속 충전 설비를 갖춘 주차 공간이 마련되어 있다면 완전 방전의 걱정 없이 드라이브를 계속할 수 있다. 사진 제공 : 닛산 자동차

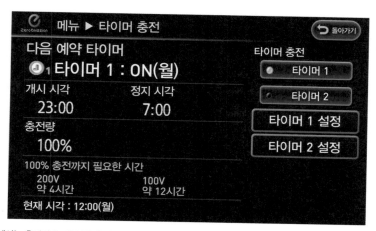

일반 가정에서는 충전에 4~12시간이 걸린다. 사진 제공 : 닛산 자동차

배터리가 완전히 방전되면
어떻게 될까?

·······→　배터리가 완전히 방전되어버렸다면 전기 자동차는 꼼짝도 하지 않는다. 가솔린 자동차라면 휘발유가 떨어졌을 때 운전자가 가입한 보험사의 긴급 출동 서비스를 이용하면 된다. 1회 주유량은 약 3리터 정도다. 전기 자동차라면 충전 시설까지 견인을 해야 한다. 급속 충전 설비를 제공하는 로드 서비스는 아직 극히 드물다. (일본은 트럭 설비 회사가 급속 충전기를 탑재한 로드 서비스카를 제작하고 있다.)

　이 때문에 전기 자동차 이용자는 항상 완전 방전을 신경 쓰면서 충전량에 따른 연속 주행 거리와 가장 가까운 전기 충전소의 위치를 파악해둘 필요가 있다. 상황이 이렇다 보니 잘 모르는 지역을 운전하려면 상당한 용기가 필요하다.

　'충전되어 있는 전기 자동차에서 완전 방전된 전기 자동차로 전력을 공급하면 주행 가능 상태가 되지 않을까?'라고 생각하는 사람도 있을 것이다. 가솔린 자동차의 배터리가 완전 방전되었을 때처럼 '전기 자동차와 전기 자동차를 직접 접속하면 되지 않을까?'라는 생각이 드는 것도 이상한 일은 아니지만, 이것은 매우 위험한 행동이다. 직접 접속했다가는 배터리가 불타서 자동차 화재를 일으킬 위험성이 있다. 배터리가 요구하는 전압과 전류를 조절해서 보내야 한다. 그래서 배터리를 생산하는 업체나 관련 기기를 개발·판매하는 업체가 전기 자동차에서 전기 자동차로 전력을 공급할 수 있는 장치를 개발하고 있다. 이것이 완성된다면 전기 자동차의 보급에 발맞춰 전기 자동차의 실용성을 높이는 서비스가 확충될 것이다.

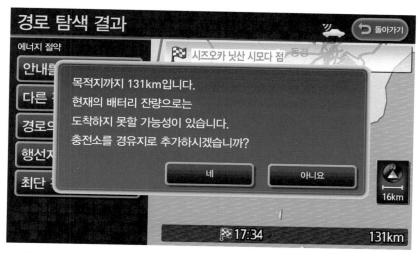

카 내비게이션으로 목적지를 설정할 때 목적지에 도착하기에는 충전량이 부족할 것 같으면 도중에 충전소를 경유하도록 안내해주는 전기 자동차도 있다. 사진 제공 : 닛산 자동차

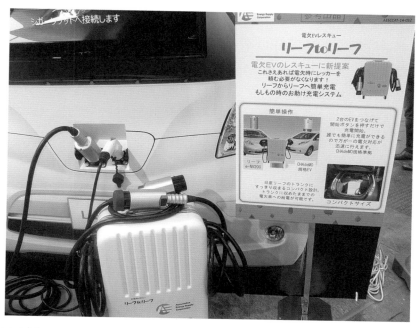

닛산 '리프'에서 다른 전기 자동차로 전력을 공급할 수 있는 'LEAF to LEAF'. 이 장치를 실은 (전기) 자동차는 전기 자동차 구조차로도 이용할 수 있다. 사진 제공 : 닛산 자동차

누전의 우려는 없을까?

--------→ 　일반적인 자동차에 사용되는 전자 장치의 전압은 12볼트이지만, 전기 자동차는 200~300볼트의 고전압을 배터리에 축적하고 있다. 게다가 모터를 구동하기 위해 파워 컨트롤 유닛으로 더욱 전압을 높여서 효율을 향상하기 때문에 누전이 발생하면 매우 위험하다. 안전성을 충분히 고려하며 설계하고 대책도 마련해놓지만, 장기간의 사용으로 절연재가 열화하거나 충돌 사고 등으로 자동차에 커다란 손상이 발생했을 경우에 누전 위험성이 없다고는 단언할 수 없다.

　물론 자동차 제조 회사들은 충돌 시에서도 탑승자의 안전을 확보하기 위해 차체를 강화하는 작업을 멈추지 않고 있을 뿐만 아니라, 차체가 크게 변형되더라도 누전이 발생하지 않도록 안전 대책을 마련한다. 선진국에서는 자동차의 안전 기준이 엄격해서, 충돌 사고에 대한 안전성도 충돌 실험을 통해 검사하고 확인하도록 규정되어 있다. 실제로 이런 충돌 실험에서 안전성 문제가 발견되기도 했다.

　충돌 당시에는 문제가 없었는데 시간이 지난 뒤 사고로 발전한 사례도 있었다. 2011년에 미국도로교통안전국(NHTSA)이 쉐보레 '볼트'의 측면 충돌 실험을 실시했는데, 그로부터 3주 뒤에 해당 차량이 발화하는 사고가 일어났다. 이에 미국도로교통안전국은 볼트의 안전 조사를 실시했다. 충돌 실험을 반복하며 어떤 형태의 손상에서 어떤 식으로 발화 사고가 일어났는지 검증한 것이다. 쉐보레도 이런 실험 결과를 받아들여 문제점을 개선했고, 그 결과 볼트는 미국도로안전보험협회(IIHS)가

2014년에 실시한 안전성 시험에서 '최고로 안전한' 차라는 평가를 받았다.

충돌 사고는 다양한 형태와 크기의 자동차가 지나다니는 도로에서 발생하며, 따라서 사고 유형 또한 그야말로 다양하다. 자동차 제조 회사들은 앞으로도 전기 자동차의 안전성을 높이기 위해 대책을 마련하고, 관련 기술도 발전시켜나갈 것이다.

닛산 '리프'의 차체 구조와 절연 시스템

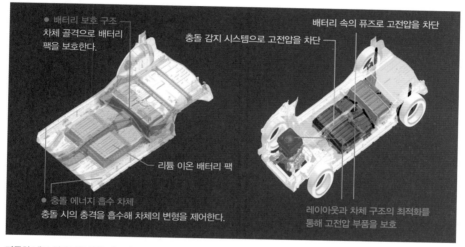

자동차 제조 회사들은 충돌 사고가 일어났을 때 차체가 손상되면서 누전이 발생하지 않도록 고압 전류가 흐르는 부분에 다양한 안전 대책을 적용한다. 사진 제공 : 닛산 자동차

모터나 배터리는
차체의 어디에 실려 있을까?

--------→ 닛산 '리프'나 폭스바겐 'e-UP!'은 기존 소형차의 섀시를 이용했으며, 부품 배치도 FF(프런트 엔진, 프런트 휠 드라이브) 차량의 구조를 답습했다. 리어엔진 차량을 기반으로 삼은 미쓰비시 자동차의 'iMiEV'는 후방에 모터가 탑재되어 있다. 모터는 엔진보다 소형인 까닭에 탑재 위치의 자유도가 상당히 높다.

다만 밀도가 높고 무겁기 때문에 무게중심을 낮추고자 가급적 낮은 위치에 탑재하는 것이 일반적이다. 가솔린 자동차의 변속기와 크기가 비슷하고, 구동계도 단순한 까닭에 타이어와 거의 같은 높이에 설치한 사례가 많다.

배터리는 크고 무겁기 때문에 대부분은 바닥에 늘어놓듯이 싣는다. 이렇게 하면 무게중심이 낮아져서 무거워지더라도 주행 안정성이 높아진다.

모터가 엔진에 비해 작은 까닭에 구동계나 냉각계 등의 보조 기기도 단순하다. 그래서 엔진 룸의 공간에 여유가 생기기 때문에 배터리도 엔진 룸에 함께 탑재해 용량을 늘리고, 늘어난 배터리 용량을 이용해 연속 주행 거리를 충분히 확보한 전기 자동차도 있다.

현재는 대용량 리튬 이온 자동차가 주류가 되었고, 소형화도 진행되고 있어 소형 차급의 차체로도 충분한 연속 주행 거리와 거주 공간, 화물 적재 공간을 확보할 수 있다. 또한 인휠 모터를 채용하면 엔진 룸조차 필요 없다. 인휠 모터는 구동륜 근처에 설치되어 차륜을 직접 돌리는 모터다.(3-02, 3-03 참조)

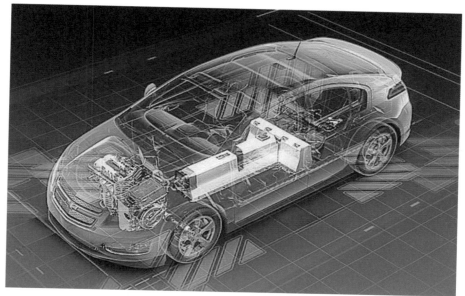

배터리는 중량이 상당한 까닭에 가급적 낮은 위치에 평평하게 탑재한다. 차체의 형태나 크기에 따라 레이아웃은 달라지지만, 전기 자동차는 가솔린 자동차보다 조금 더 무겁더라도 무게중심이 낮은 까닭에 주행 안정성이 높다. 사진 제공 : GM

소형차를 기반으로 삼은 닛산 리프는 모터가 프런트 타이어 사이에, 배터리가 플로어 패널에 얇게 깔려 있다. 뒷좌석 밑에도 대형 배터리 팩을 탑재했다. 사진 제공 : 닛산 자동차

레이스용 닛산 '리프'는
어떤 사양일까?

--------→ '리프 NISMO RC'는 닛산 '리프'의 파워 유닛을 사용한 레이싱 카다. 전기 자동차의 가능성, 리프의 높은 잠재력을 과시하기 위해 닛산과 NISMO(닛산 레이싱 카 개발 부문)가 공동 개발했다. SUPER GT와 마찬가지로 차체는 시판차의 이미지를 계승했지만, 낮고 폭이 넓어졌을 뿐만 아니라 소재도 탄소 섬유를 사용해 크게 가벼워지고 강인해졌다. 차체 중량이 시판용 리프의 약 3분의 2(925킬로그램)로 상당히 가볍다. 실내도 탄소 섬유로 만든 대시보드가 그대로 노출되어 있고, 주행을 위한 장비밖에 없어서 '우직한 사나이 같은 레이싱 카'라는 분위기를 물씬 풍긴다.

파워 유닛이나 배터리의 부품 자체는 시판용 리프의 것을 그대로 이용했지만 구조는 크게 다르다. 먼저, 시판용 리프는 모터 1기로 프런트 타이어를 구동하지만 리프 NISMO RC는 같은 모터 2기를 사용해 리어 타이어를 구동한다. 배터리의 각 셀은 똑같은 것을 사용했지만 더 크고 대용량이다. 차량에 탑재한 채로 충전이 가능하지만 배터리 팩째 교환할 수 있게 만들어졌다.

주행 성능은 레이싱 카 그 자체다. 기민한 움직임은 시판용 리프와는 차원이 다르다. 엔진 소리나 배기음이 없는 까닭에 타이어와 노면이 마찰하는 소리가 특히 두드러지는데, 이것이 그 나름의 박력을 느끼게 한다.

리프 NISMO RC는 리프의 높은 완성도와 전기 자동차의 가능성을 느끼게 해주지만, 실제 대회에 참가한 적은 없다. 앞으로 연속 주행 거리를 규정한 대회 규칙과

합치하는 부문이 생긴다면 참가할지도 모른다. 가솔린 엔진을 탑재한 레이싱 카와의 경주가 기대된다.

시판용 리프의 모터 2기를 사용해 좌우 후륜을 구동한다. 사진 제공 : 닛산 자동차

탄소 섬유로 만든 대시보드가 레이싱 카의 분위기를 물씬 풍긴다. 변속기가 없고 계기도 단순하지만, 그 밖의 조작은 완전히 레이싱 카와 동일하다. 사진 제공 : 닛산 자동차

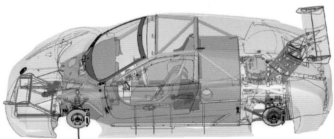

리프 RC의 레이아웃을 알 수 있는 투시도. 전동 무선 모형카를 연상시킬 만큼 단순한 구조인데, 이 또한 전기 레이싱 카의 특징이라고 할 수 있는 부분이다. 일러스트 제공 : 닛산 자동차

스타일링의 분위기는 리프와 비슷하지만, 탄소 섬유로 만든 차체와 카울 등은 시
판용 리프와는 완전히 다른 자동차다. 사진 제공 : 다카네 히데유키

재해가 발생했을 때 전기 자동차를 전원으로 이용할 수 있다?

⎯⎯⎯→　전기 자동차의 배터리에 저장해놓은 전기를 다른 용도로 활용할 수도 있다. 2011년의 도호쿠 지방 태평양 해역 지진(동일본 대지진) 당시에 대규모 정전 사태가 발생했는데, 앞으로는 이런 상황에서 전기 자동차가 많은 도움이 될 것이다.

일반적인 자동차보다 배터리 용량이 큰 하이브리드 자동차도 외부에 전기를 공급할 수 있는 기능을 갖추고 있다. 실제로 동일본 대지진 당시, 토요타의 하이브리드 자동차인 '에스티마 하이브리드'의 전원 공급 기능이 도움이 되었다고 한다.

가솔린 자동차의 경우도 RV(Recreational Vehicle)나 미니밴 중에는 가정용 전원을 공급할 수 있는 것이 있지만, 단지 전원을 공급하기 위해 가솔린 엔진을 아이들링 상태로 만드는 것은 효율적이지 못하다. 한편 하이브리드 자동차는 아이들링 상태에서도 발전 능력이 높기 때문에 훨씬 효율이 좋다. 게다가 전기 자동차는 충전되어 있는 전기만을 공급할 수 있기 때문에, 비용이나 효율 측면에서 볼 때 하이브리드 자동차처럼 엔진으로 발전해서 전기를 공급하는 편이 더 좋기는 하다.

이와 같이 자동차의 전력을 가정용 전원으로 활용하는 시스템을 'V2H'(Vehicle to Home)라고 부른다. 일례로 'LEAF to Home'이라는 시스템이 이미 있다. 이것은 닛산의 전기 자동차 '리프'의 배터리를 가정용 전력으로 이용하는 시스템이다. 심야 전력으로 리프의 배터리를 충전하고, 주간에 그 전력을 이용해서 전기 요금을 절약하는 것이 목적이다.

LEAF to HOME은 리프 이외에 미쓰비시의 '아웃랜더 PHEV'처럼 전기 자동차 수준으로 배터리가 큰 하이브리드 자동차로도 똑같이 전력을 공급할 수 있다.

전기 자동차의 배터리는 커다란 축전지이므로 대규모 재해로 정전 사태가 발생했을 때 전원으로 이용할 수 있다. 차종에 따라 배터리 용량은 다르지만, 일반 가정이라면 사흘 동안은 걱정 없이 사용할 수 있는 전력을 비축하고 있다.

사진 제공 : 다카네 히데유키

전기 자동차의 배터리는
몇 회 충전이 가능할까?

------→ 일반적인 건전지처럼 한 번 쓰고 버리는 방식의 전지를 1차 전지, 반복해서 충전·방전이 가능한 전지를 2차 전지라고 하며, 일본에서는 일반적으로 2차 전지를 배터리라고 부른다. 자동차 배터리를 충전·방전할 수 있는 횟수는 배터리의 종류와 충전 방식, 자동차의 주행 패턴이나 보관 상황 등에 따라 크게 달라진다. 과거에 사용했던 니켈 카드뮴 배터리는 100회 정도면 충전이 불가능했지만, 니켈 수소또는 리튬 이온 배터리는 고밀도, 고출력의 배터리로 충전·방전이 가능한 횟수도 증가하고 있다. 현재 리튬 이온 배터리는 일반적으로 1,000회 충전·방전 후에도 약 80퍼센트의 용량을 유지할 수 있다고 한다.

전기 자동차 제조 회사들은 배터리의 품질 향상과 관리 시스템의 개발에도 힘을 쏟고 있어서 이론적으로 10년, 현실적으로 5~6년은 배터리 교환 없이 사용할 수 있는 성능을 확보했다. 예를 들어 폭스바겐의 전기 자동차 'e-UP!'은 '8년 16만 킬로미터'의 성능을 보증한다.

다만 그렇다고 해도 배터리에 가해지는 부하는 도로 환경이나 유지 방법 등에 따라 달라지며, 이에 따라 수명에도 차이가 생긴다. '리프'를 택시로 도입한 어느 기업에서는 하루에도 수차례씩 급속 충전을 한 결과 2년 만에 연속 주행 거리가 절반 수준으로 떨어진 사례도 있다. 어쩌면 배터리의 관리 시스템에도 문제가 있었는지 모르지만, 극단적인 사용 환경에서는 배터리 수명이 크게 짧아진다는 사실을 증명한 사례다.

현재는 절반 이상 배터리 용량을 소비한 뒤에 충전해서 충전 횟수를 억제하는 편이 열화를 방지할 수 있다고 한다. 또한 어느 정도 부하를 가해서 방전하고, 일반 충전으로 천천히 충전하는 것이 배터리 수명을 늘리기에 가장 좋은 방법으로 알려져 있다. 자동차를 그다지 타지 않는 사람이 매일 조금씩 충전을 하는 것은 배터리 수명을 줄이는 행동이다. 가급적 급속 충전을 하지 않고 일상에서 규칙적으로 일정 거리를 달리는 것이 배터리 수명에 좋은 이용 패턴이다. 또한 배터리는 온도 상승에 약하므로 한여름 양달에 자동차를 두는 일은 없어야 한다. 고온이 될 수 있는 환경에 자동차를 두지 않아야 열화를 방지할 수 있다. 이런 점을 생각하면 일반 사용자가 전기 자동차를 자유롭게 사용하기까지는 조금 더 시간이 필요한지도 모른다.

전기 자동차는 모터가 동력원이므로 배터리를 탑재하고 충전과 방전을 반복하며 주행한다. 따라서 연료가 필요 없다. 이 자동차는 가솔린 자동차와 같은 차체를 사용해서 만든 폭스바겐의 'e-UP!'이라는 전기 자동차인데, 주행용 리튬 이온 배터리와 전자 장치용 납산 배터리 이외에는 다른 동력원을 탑재하지 않았다. 사진 제공 : 폭스바겐

교체를 마친 전기 자동차의
헌 배터리는 어떻게 될까?

········→ 　자동차 배터리는 오래전부터 재활용되어왔다. 납이라는 유해 물질을 사용하는 까닭에 회수해서 처리하지 않으면 환경 파괴로 이어지며, 재활용해서 다시 납으로 이용하면 비용 측면에서도 유리하기 때문이다. 그러나 배터리를 대량으로 탑재한 전기 자동차가 보급되면 헌 배터리가 지금보다 훨씬 많이 쏟아져 나온다. 이 많은 배터리를 어떻게 처리할지 다양한 방법을 궁리하고 있다.

　예를 들면 닛산 '리프'의 배터리를 재이용하는 가정용 배터리 시스템은 리프 발매 초기부터 도입이 발표되었다. 리프의 경우, 연속 주행 거리가 절반이 되면 전기 자동차로서 사용하는 데에 문제가 있기 때문에 배터리를 새것으로 교체한다. 그러나 헌 배터리도 축전 시스템으로는 여전히 쓸 만하므로 리프에서 떼어낸 헌 배터리의 상태를 조정해 축전 시스템으로 재이용한다. 가정용으로 추천하는 배터리는 용량이 12킬로와트시로, 정전 시 대형 주택에 전력을 이틀 정도 공급할 수 있다. 수명은 약 10년이다.

　2017년 현재, 리프가 출시된 지 7~8년이 지났으므로 앞으로 리프의 배터리 교체가 증가할 예정이다. 그렇게 되면 실질적인 축전 시스템의 비용은 단숨에 약 100만 엔 초반까지 하락할 것으로 전망된다. 이와 같이 배터리를 재이용하는 일이 정착되면 전기 자동차의 배터리 교체 비용도 저렴해질 것이다. 그리고 이 축전 시스템에서 배터리를 한계까지 사용한 뒤에 비로소 재활용을 한다. 향후 보급이 기대되는 시스템이다.

전기 자동차의 배터리로는 쓸 수 없게 된 배터리도 가정용 축전지나 기업의 비상용 전원(갑작스러운 정전으로부터 컴퓨터를 보호하는 것)으로 사용하기에는 충분한 성능을 지니고 있다. 닛산 '리프'에 사용되는 배터리의 경우, 처음부터 주택이나 기업의 축전지로 재이용할 것을 염두에 뒀다.

사진 제공 : 다카네 히데유키

4R 에너지는 스미토모 상사와 닛산이 공동 출자해서 설립한 기업이다. 이 회사는 닛산 리프의 리튬 이온 배터리를 가정이나 기업의 축전 시스템으로 활용할 것을 제안하고 있다. 사진 제공 : 다카네 히데유키

최신 전기 자동차 기술의 현황

-------→ 　전기 자동차는 가솔린 자동차에 비해 아직 기술 개발의 여지가 크다. 여러 기업이 다양한 방법으로 새로운 기술을 개발하고 있다. 엔진을 장착한 자동차보다 구조가 단순한 만큼 자유도도 높다.

　먼저 희토류를 사용하지 않는 모터를 개발하고 있다. 희토류는 모터에 쓰인 영구 자석의 자력을 높이기 위해 사용되는데, 이 영구 자석을 사용하지 않는 모터가 SR 모터다. 또 희토류를 거의 사용하지 않는 영구 자석을 사용한 무희토류 모터도 있다.

　파워 트레인의 레이아웃에서도 전기 자동차의 진화를 엿볼 수 있다. 현재 승용차 유형의 전기 자동차는 기존 변속기나 디퍼렌셜 기어가 있는 곳에 모터를 탑재하고, 구동축을 거쳐 구동륜을 돌린다. 그러나 모터를 소형화해서 각 차륜을 직접 구동하면 구동축 같은 부품이 필요 없고 경량화가 가능하며, 전달 효율도 높아진다. 앞에서도 이야기했지만 이것을 인휠 모터라고 부른다.

　현재 이 시스템은 전동 모터사이클을 제외하면 소규모로 생산되는 마을버스나 개발 차량 등에 채용되고 있을 뿐이지만, 앞으로는 승용차 유형의 전기 자동차에도 채용될 것이다. 이 경우, 길고 무거운 구동축이나 좌우 타이어의 회전 차이를 흡수하는 디퍼렌셜 기어도 필요 없어지므로 차체가 가벼워지고 구동에 따른 손실도 발생하지 않는다. 모터와 구동 장치를 결합한 기존 방식에 비해 효율이 2배 가까이 좋아질 것이라고 말하는 엔지니어도 있다.

전기 자동차가 안고 있는 문제점 중 하나는 배터리의 용량과 긴 충전 시간인데, 고성능 배터리를 개발하는 가운데 새로운 축전 방법도 연구되고 있다. 전자 상태로 저장하는 축전기(capacitor)를 이용하는 것이다. 축전기는 배터리만큼 에너지 밀도가 높지는 않지만 빠르게 전기를 모으고 방출할 수 있다는 점, 반복해서 충전·방전해도 열화가 적다는 점 등 배터리에는 없는 장점이 있다. 이미 중국에서는 축전기를 이용한 전력 시스템을 노선버스에 도입했다고 한다. 버스가 정거장에 정지한 1~2분 동안 다음 정거장까지 가는 데 쓸 전력을 모으는 것이다.

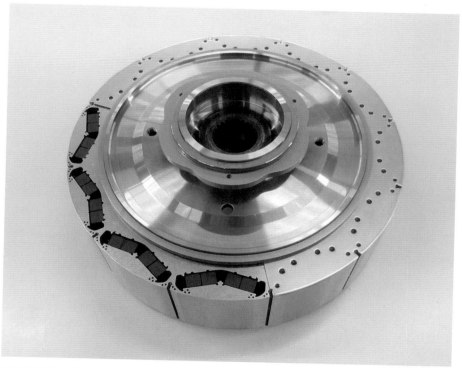

희토류를 사용하지 않는 모터다. 희토류는 광물의 일종으로, 자성이 뛰어나서 강력한 자력을 만들 때 없어서는 안 되는 재료다. 그러나 자동차 회사의 기술자들은 희토류를 사용하지 않는 모터의 실용화에 거의 이르렀다. 인휠 모터도 실용화 단계에 접어들었는데, 기존 모터보다 주행 성능과 주행감을 높이고 가볍고 얇으면서도 강력한 토크를 발생시킨다.

사진 제공 : 혼다기연공업

전기 자동차도
스포츠카가 있을까?

------→　　전기 자동차는 친환경적일 뿐만 아니라 고성능 탈것으로서의 가능성도 충분히 있다. 종류는 적지만 스포츠카도 제작되고 있다.(3-07 참조) 앞에서 소개한 테슬라의 '로드스터'는 로터스 '엘리스'의 기본 부품을 이용한 2시트 스포츠카다. 배터리를 대량으로 탑재하고 있기 때문에 엘리스 같은 경쾌함은 줄어들었지만, 모터가 지닌 강력한 토크로 엘리스에는 없는 매력적인 가속력을 갖췄다. 판매는 이미 종료되었지만, 정지 상태에서 시속 100킬로미터까지 3.7초, 최고 속도는 시속 201킬로미터, 연속 주행 거리는 380킬로미터로 실용성도 충분했다. 다만 가격은 미국에서 10만 9,000달러, 일본에서는 1,810만 엔이나 되었다.

　　프랑스의 고급 스포츠카 제조 회사였던 벤추리는 프랑스에서 스위스로 이전해 전기 자동차 제조 회사로 새롭게 출발했다. 이 회사는 전기 스포츠카 '페티시'를 생산하고 있다. 300마력의 모터를 탑재한 이 스포츠카는 정지 상태에서 시속 100킬로미터까지 4초, 최고 시속 200킬로미터, 연속 주행 거리 340킬로미터를 자랑한다. 가격도 30만 유로로 슈퍼카급이다.

　　일본에서도 교토 대학에서 파생된 벤처 기업인 GLM이 과거에 소량 판매되었던 미드십 스포츠카 토미카이라 'ZZ'의 이미지를 계승한 전기 스포츠카를 생산하고 있다. 이쪽도 300마력의 모터를 탑재해 정지 상태에서 시속 100킬로미터까지 3.9초라는 가속력을 자랑한다. 최고 속도는 발표되지 않았지만 리튬 이온 배터리의 탑재량을 억제해 중량을 850킬로그램으로 경량화했고, 덕분에 경쾌한 핸들링도 즐길 수 있다. 가격은 800만 엔으로, 2014년에 생산한 99대는 순식간에 판매가 종료되었다.

스포츠카는 아니더라도 스포티한 주행을 즐길 수 있는 전기 자동차는 의외로 많다. BMW의 'i3'는 탄소 섬유로 만든 차체 쉘을 알루미늄 합금 섀시에 탑재한 전기 자동차. 무게중심이 낮을 뿐만 아니라 정밀한 서스펜션을 채용해 핸들링 성능도 우수한 4인승 자동차다. 차고가 높은 스타일링 때문에 스포츠카라는 생각이 들지 않지만, 분명 신세대 스포티 박스카라고 할 수 있다.

i3의 한국 판매 가격은 5,950만 원이지만, 전기 자동차는 통상적인 친환경 자동차에 비해 세금 측면에서 크게 우대받는다. 서울시 기준으로 1,950만 원이 보조금으로 지급된다. 따라서 실질적인 구입 가격은 4,000만 원 정도다.(2017년 3월 현재) '탄소 섬유와 알루미늄으로 만든 자동차를 4,000만 원 정도에 구입할 수 있다.'라고 생각하면 저렴한 가격이라고 할 수 있다.

테슬라 로드스터는 로터스(영국)의 부품을 이용해 섀시를 만들고 여기에 모터와 배터리를 탑재해 완성한 테슬라의 기념비적인 제1호 제품이었다. 노트북 컴퓨터용 배터리를 대량으로 탑재해 충분한 연속 주행 거리를 확보했는데, 당시로서는 획기적인 아이디어였다.

GLM의 토미카이라 ZZ 사진 제공 : GLM

한 시대를 풍미했던 경량 스포츠카의 이름과 이미지를 계승했다. 사진 제공 : GLM

내부를 완전히 새로 설계한 전기 스포츠카다. 사진 제공 : GLM

결국은
대기 오염을 일으키는
발전소의 전기를 이용하는 것이 아닐까?

------→   전기 자동차는 배기가스를 전혀 배출하지 않지만, 동력인 전기를 만들어
낼 때 대기를 오염시키거나 지구 온난화를 부추기고 있다면 '청정하고 친환경적인
탈것'이라고는 말할 수 없다. 현재 주력 발전 시스템인 화력 발전은 석유나 석탄, 천
연가스 등을 태워서 발전기를 돌리고 있으므로 이론의 여지없이 이산화탄소를 배출
하고 있다.

그러나 열효율이 자동차 엔진보다 훨씬 높은 까닭에 출력당 이산화탄소 배출량은
상당히 적다. 최신 화력 발전소의 열효율은 약 60퍼센트로, 친환경 자동차라 해도
가솔린 자동차가 35퍼센트 정도임을 감안하면 효율이 약 1.7배 더 좋다. 이것은 연
료를 태워서 발전기를 돌릴 뿐만 아니라 그 후의 여열로도 수증기를 만들어 발전기
를 돌리는 컴바인드 사이클 발전이라는 시스템을 활용하기 때문이다. 앞으로는 자
동차도 열효율을 더욱 높이기 위해 여열을 이용할 것이다.

또한 평균 5~10퍼센트라고 하는 송전 손실을 고려하더라도 전기 자동차가 훨씬
친환경적이다. 일본은 현재 지방의 대형 발전소에서 원거리 송전을 하는 것이 아니
라 전기 소비지와 가까운 소규모 발전소에서 주변 지역에 전력을 공급하는 전력의
지산지소(地産地消) 시스템을 구축하는 일도 진행하고 있다. 태양광 발전뿐만 아니
라 주변이 바다에 둘러싸여 있는 환경을 이용한 해양풍 발전과 조력 발전도 개발되
고 있으므로 앞으로는 더욱 청정한 재생 가능 에너지를 이용해서 만든 전력을 공급

하는 일도 기대할 수 있다.

한국과 일본에서 전기는 가장 인프라가 잘 정비된 에너지이지만, 전기 자동차의 충전은 휘발유나 경유의 주유와 달리 단시간에 끝나지 않기 때문에 복수의 전원 공급 설비가 없으면 실용적이지 못하다. 그러므로 인프라를 실용적인 수준으로 정비하기까지는 시간이 필요할 것이다. 다만 청정하고 에너지 효율이 좋은 전기 자동차가 향후의 자동차 사회를 지탱할 중요한 탈것임에는 틀림이 없다.

보일러(위)와 터빈 및 발전기(아래)의 모형. 화력 발전소는 화석이나 석유, 천연가스를 보일러에서 태워서 그 열로 물을 증발시키고, 그 증기의 힘으로 터빈을 돌려 발전기를 구동한다. 화력 발전소라고 하면 다량의 이산화탄소를 배출해 환경에 악영향을 끼친다는 인식이 강하지만 최신 화력 발전소는 에너지 효율이 크게 높아졌다.

사진 제공 : 다카네 히데유키

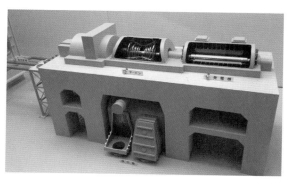

충전할 때
감전될 위험은 없을까?

--------→ 일반 가정에서 충전할 경우 220볼트 전압의 전류를 사용하므로 어지간히 부주의하게 행동하지만 않는다면(젖은 손으로 만지는 일이 없다면) 감전되는 일은 없을 것이다. 그렇다면 대전류를 사용하는 급속 충전의 경우는 어떨까? 급속 충전을 하면 대전류가 흐르게 되므로 작업 중에 감전되지 않을까 걱정하는 사람도 있을 것이다. 그러나 안전을 충분히 고려해서 충전 커넥터 단자의 그립 부분과 전극 사이에 충분한 거리를 뒀기 때문에 정상적으로 사용했을 때 감전될 우려는 거의 없다.

충전 작업을 할 때 충전 커넥터를 접속한 순간, 고압 전류가 흘러서 충전이 시작되는 것은 아니다. 차체와 충전기가 통신해 자동차의 상태를 확인한 다음 전류가 흐른다. 또 충전 커넥터의 잠금 장치는 충전이 완료되어 전압이 떨어진 것을 확인해야 비로소 해제된다. 일반 콘센트보다 훨씬 안전하다고 말할 수 있다. 그래도 비가 오는 날에 지붕이 없는 충전 공간을 이용할 때면 충전 커넥터 부분을 젖은 손으로 만지지 않도록 충분히 주의하면서 작업해야 한다.

참고로 충전을 자동화하는 시스템도 연구되고 있다. 자동차를 주차 공간에 세워놓으면 바닥에 있는 코일로 유도 전류를 일으켜 충전하는 비접촉 충전 시스템이다. 주차 위치가 어긋나면 충전 효율이 저하되는 문제가 아직 있지만, 가정용 충전 시스템으로 언젠가 널리 보급될 것은 틀림이 없다. 그렇게 되면 감전 위험을 완전히 배제할 수 있다.

또한 비접촉 유형의 전력 공급 시스템을 이용해 주행하면서 충전하는 시스템도 연구되고 있다. 도로 위에 직접 코일을 깔아서 충전 구간을 만드는 시스템으로, 노선버스뿐만 아니라 트럭이나 승용차 등에 이용할 계획도 있다. 달릴수록 충전되는 도로의 탄생도 결코 꿈은 아니다.

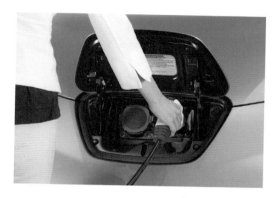

자동차와 커넥터가 접속되어 있어야 비로소 충전용 전력이 공급된다. 또한 충전할 때 접속하는 커넥터는 전극과 그립의 위치, 형태 등이 최대한 감전을 방지하도록 만들어져 있다. 사진 제공 : 닛산 자동차

비 오는 날에 충전할 경우, 주의할 필요가 있다. 젖은 손으로 만지는 것은 물론 금물이다. 닛산 리프의 충전 커넥터에는 비 오는 날 충전해도 물이 들어가지 않게 하는 커버도 준비되어 있다.

사진 제공 : 닛산 자동차

비접촉형 충전 방식도 연구하고 있다. 집의 주차장에 세워놓기만 해도 자동으로 충전된다면 매우 편리할 것이다. 사진 제공 : 다카네 히데유키

마이크로
전기 자동차란 무엇일까?

--------→ 기존 경자동차와 사륜 원동기의 사이를 메우는 존재로 마이크로 전기 자동차(초소형 전기 자동차)가 있다. 사륜 원동기보다는 힘이 있어 시가지에서 충분한 동력 성능을 발휘하며 청정하고 효율이 좋다. 앞으로 도심용 이동 수단으로서 보급이 기대된다.

마이크로 전기 자동차는 달리는 기능에만 집중하느라 편의 장치가 거의 탑재되어 있지 않은데, 그런 만큼 차체가 가벼워서 배터리 탑재량에 비해 상당한 연속 주행 거리를 확보할 수 있다. 그뿐만 아니라 경쾌한 주행을 즐길 수 있다는 점도 매력이다. 카셰어링에 적합한 탈것은 아니지만 드라이빙을 즐기는 자동차, 세컨드 카로서의 수요도 있을 듯하다.

유럽에서는 이미 최고 시속 45킬로미터(고속도로 주행 불가)의 2인승 마이크로 전기 자동차가 보급되기 시작했다. 그러나 일본에서는 아직 최고 시속 60킬로미터, 승차 정원 1인의 사륜 원동기로서만 이용할 수 있다. 마이크로 전기 자동차라도 해도 기존의 승용차나 대형 트럭, 버스 등과 같은 도로를 이용하는 만큼 충돌 사고가 일어났을 때 안전성을 어떻게 확보할 것인가라는 과제가 남아 있기 때문이다.

한국은 최근 법 개정으로 마이크로 전기 자동차가 일반 도로를 주행할 수 있게 되었다. 유럽의 경우와 비슷하게 한국에 시판되는 마이크로 전기 자동차 대부분은 1~2인승이고, 최고 속도는 60~80킬로미터, 연속 주행 거리는 완충 시 100킬로미터 정도다. 일반 도로 주행이 가능해진 것과 더불어 보조금 또한 받을 수 있기 때문에 상당한 수요가 있을 것으로 예상된다. 르노 자동차의 트위지는 판매 가격이 1,500만 원으로 환경부와 지자체의 보조금을 더하면 400만~500만 원대에 신차를 구입할 수 있다. 초소형 전기 자동차 분야는 기술력만 있으면 중소 업체도 진출이 가능하기 때문에 대창 모터스 등 여러 업체들이 다양한 모델을 준비 중이다.

혼다의 초소형 모빌리티 'MC-ß'. 앞뒤에 2명이 탑승하는 텐덤 형식이지만, 혼다는 승용차에 가까운 스타일(4륜)로 주행 실험을 해왔다. 사진 제공 : 다카네 히데유키

단순하고 효율적인 전기 자동차, 승차 정원은 2명으로 경자동차보다 더 작은 탈것이다. 사진 제공 : 다카네 히데유키

토요타의 'i-ROAD' 사진 제공 : 다카네 히데유키

앞에 2륜, 뒤에 1륜이 있는 삼륜차로 후륜 조타 방식이다. 차체가 커브의 안쪽으로 기울면서 선회한다.

사진 제공 : 다카네 히데유키

토요타 출신의 디자이너가 설립한 벤처 기업 STYLE-D의 'piana'(피아나). BMW가 창립 초기에 생산했던 '이세타'를 연상 시키는 복고풍의 귀여운 디자인이다. 사진 제공 : 다카네 히데유키

차체의 앞면을 위로 올리고 승차 · 하차한다. 앞뒤가 아니라 좌우로 나란히 앉도록 좌석이 배치되어 있다.

사진 제공 : 다카네 히데유키

근미래의 탈것을
체감하고 싶다

⋯⋯⋯→ 근미래의 탈것은 진기할 뿐만 아니라 여러 가지 가능성을 느끼게 해준다. 3-20에서 소개한 마이크로 전기 자동차는 에어컨 같은 편의 장치를 생략했지만, 그만큼 가벼워진 덕분에 연속 주행 거리를 확보했을 뿐만 아니라 경쾌한 주행도 즐길 수 있다. 디자인도 승용차처럼 획일적이지 않고 개성이 넘치며, 소량 생산 제품 특유의 재기발랄함이 느껴진다.

일본은 아직 마이크로 전기 자동차를 일반 도로에서 만날 수가 없다. 그래서 초소형 전기 자동차를 직접 타보려면 카셰어링을 실시하고 있는 지역으로 가야 한다. 가나가와현 요코하마시와 아이치현 도요타시에서 카셰어링 실험을 실시하고 있으며, 도서 지역의 렌터카 업체 중에서도 마이크로 전기 자동차를 도입한 곳이 있다. 전기 버스를 마을버스로 활용하고 있는 지방 자치 단체도 늘고 있다.

도쿄 오다이바에 있는 토요타의 쇼룸 'MEGA WEB'(http://www.megaweb.gr.jp)에서는 가끔 토요타의 마이크로 전기 자동차인 'i-ROAD'의 시승회를 개최한다. 그리고 오다이바의 '일본 과학 미래관'(https://www.miraikan.jst.go.jp)에서는 혼다의 퍼스널 모빌리티 'UNI-CUB'를 시승할 수 있다. 유료(700엔/1회)이기는 하지만 UNI-CUB를 타고 관내의 가이드 투어를 즐길 수 있다. 이동 중에도 양손을 자유롭게 사용할 수 있고 정지 중에는 그대로 의자가 되는 UNI-CUB는 지금까지 없었던 새로운 모빌리티로 신선함을 느끼게 한다.

토요타와 주차장 운영 회사인 파크24가 손을 잡고 실시하는 실험 'Times Car PLUS×Ha:mo'는 마이크로 전기 자동차의 카셰어링 서비스다. 사전에 iROAD 운전 강습을 받을 필요가 있지만, 입회하면 도쿄 도내의 수십 곳에 이르는 거점에서 마이크로 전기 자동차를 이용할 수 있다. 서비스 기간은 2018년 3월까지다. 사진 제공 : 다카네 히데유키

일본 과학 미래관에서 체험 시승할 수 있는 'UNI-CUB'는 자이로를 이용해 직립과 안정된 주행, 수평 이동을 실현한 일륜차다. UNI-CUB를 타고 관내를 도는 투어를 실시하고 있다. 사진은 도쿄의 산업 전시회장을 둘러보는 모습이다.

사진 제공 : 다카네 히데유키

전기 자동차의 연속 주행 거리를 더욱 늘리기 위한 방법은?

전기 자동차는 아직 충전에 많은 시간이 걸릴 뿐만 아니라, 애초에 충전 시설 자체가 부족한 상황이다. 이 때문에 이용이 불편하고, 전기 자동차를 일상용 자동차로 구입하기가 부담스러울 수밖에 없다. 현재 리튬 이온 배터리는 충분히 고성능 전지이지만, 연속 주행 거리를 늘리려면 배터리 탑재량을 더욱 늘리거나 같은 크기에 더 많은 전기를 축적할 수 있는 고성능 배터리를 실용화해야 한다.

배터리 탑재량을 무작정 늘리는 것은 현실적인 해결책이라고 말할 수 없다. 배터리를 다량 탑재하면 자동차 중량이 증가하고, 차량 가격과 배터리 교환 비용이 상승하며 충전 시간도 늘어난다. 현재도 전기 자동차 가격 중 대부분은 배터리 가격이므로 배터리 가격이 극적으로 저렴해지지 않는다면, 차량 가격을 인하하거나 배터리 탑재량을 늘리기는 어려울 것이다.

결국에는 기술 혁신으로 돌파구를 찾아내야 하는데, 많은 연구자들이 리튬 이온 배터리의 에너지 밀도를 높이는 기술을 개발하고 있다. 예를 들어 배터리의 이온 교환을 하는 전해액은 현재 액체나 겔 상태인 것을 사용하는데, 완전한 고형 전해질을 사용하는 전고체 전지를 개발 중이다. 이 전지는 에너지 밀도를 크게 높였다. 그 밖에도 여러 가지 방법이 개발되고 있지만, 어느 것이 실용화될지는 아직 알 수 없다.

배터리 성능은 같지만 충전 시스템을 개선해서 주행 거리를 늘릴 수 있을지도 모른다. 주행 차선에 비접촉 충전 장치를 직선으로 배치해, 충전하면서 주행할 수 있는 시스템도 연구 중이다.

　이와 같은 연구 개발이 진행된다면 전기 자동차의 편리성은 그리 멀지 않은 미래에 비약적으로 향상될 것이 분명하다. "그렇게 된 다음에 전기 자동차를 팔면 되잖아?"라고 말하는 사람도 있을지 모른다. 그러나 과도기적인 기술을 사용한 상품이라도 사용자가 지지하면 시장이 형성되고, 그 후에 발전할 가능성도 생긴다. 이것은 가솔린 자동차가 그랬고, 개인용 컴퓨터가 그랬으며, 휴대 전화도 마찬가지였다. 지금은 전기 자동차가 그런 시행착오와 미성숙한 환경 속에서 미래의 탈것에 흥미가 있는 사람들의 이해를 얻어가며 시장을 개척하고 있는 단계라고 말할 수 있을 것이다.

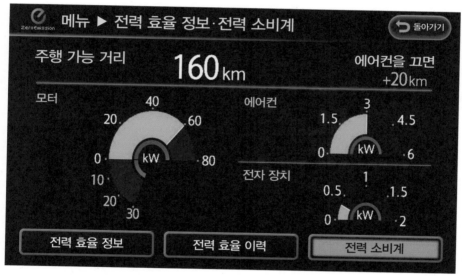

전기 자동차의 연속 주행 거리를 늘리는 운전 요령은 가급적 주행 이외의 용도로는 전기를 사용하지 않는 것이다. 또 오르막·내리막이 많은 곳이나 정지·발진이 잦은 상황에서는 회생 제동을 강화하는 모드로 주행하고, 브레이크를 일찍 밟아서 제동 시간을 늘리자. 가속 시간을 줄이고 일정한 속도로 순항하는 시간을 늘리는 것도 효과적이다.　사진 제공 : 닛산 자동차

연속 주행 거리를 늘리기 위해 전기 자동차의 차체에 공기 저항이나 구름 저항을 줄이려는 노력이 진행되고 있다. 배기 장치가 없으므로 언더 플로어를 평평하게 만들고, 공기 흐름을 고려한다. 사진 제공 : 닛산 자동차

가장 힘센 자동차는 전기 자동차다?

········→ 채석장과 같은 특수한 현장에서 활약하는 초대형 트럭은 공공 도로를 달리는 자동차와는 비교도 안 될 만큼 큰 자동차다. 차체 높이 7미터 전후, 전체 길이 15미터 정도의 거대함이 특징이며, 타이어의 바깥지름도 거의 4미터에 이른다. 가장 큰 트럭은 한 번에 360톤이나 되는 암석과 토사를 운반하는데, 사실 이 자동차의 거대한 휠을 돌리는 것은 바로 모터다.(디젤 엔진으로 휠을 구동하는 차종도 일부 있다.)

차체의 앞부분에는 3,000~4,000마력을 내는 거대한 디젤 엔진이 탑재되어 있는데, 이것은 발전기를 구동하기 위한 엔진이다. 배기량은 6만 200리터 이상에 이른다.

'모터를 구동하기 위해서라면 배터리를 탑재하는 게 낫지 않아?'라고 생각할지도 모르지만, 커다란 배터리를 탑재하면 차체가 무거워지고 충전 시간도 그만큼 오래 걸린다. 그래서 엔진으로 발전하면서 모터로 앞뒤의 휠을 구동하는 것이다. 이것을 디젤/전기 구동 방식이라고 한다.

휠을 돌리는 힘은 모터가 더 강하며, 발진이나 오르막길에 강하다는 이점도 있다. 또 채석장에서만 움직이므로 빨리 달릴 이유가 없어 변속기가 그다지 필요하지도 않다. 이 같은 점이 디젤/전기 구동 방식을 채용한 이유다. 각 차륜에 모터를 장착했기 때문에 엔진의 구동력을 차륜에 전달하는 구동계가 필요 없는 것도 구동 저항의 감소로 이어진다. 조금 특수한 용도의 자동차이지만, 전기 자동차의 높은 성능을 이해하기에는 좋은 표본이다.

고마쓰 '930E'는 너비 9미터, 길이 15.6미터, 높이 7.37미터의 세계 최대급 덤프트럭이다. 한 번에 327톤의 토사를 실을 수 있으며, 거대한 디젤 엔진으로 발전기를 돌려서 네 바퀴에 장착된 모터로 주행한다. 사진 제공 : 고마쓰 제작소

많은 사람이 견학을 하려고 고마쓰 제작소의 옛 본사를 이용한 '고마쓰의 숲'에 찾아온다. 사람과 초대형 트럭의 크기를 비교하면 트럭이 얼마나 큰지 이해할 수 있다. 사진 제공 : 고마쓰 제작소

경자동차는 친환경 자동차

— 파워 유닛의 차이가 아니라 차체 크기를 통해 높은 연료 효율을 실현한 친환경 자동차가 있다. 바로 경자동차(한국의 경우 경차)다. 최근에는 소형차 이상으로 충실한 장비를 탑재한 경자동차도 적지 않지만, 연비 성능을 더욱 중시한 모델도 등장하고 있다.

아무리 연료 효율이 좋은 하이브리드 자동차라 해도 값비싼 모델은 그만큼 많은 부품과 재료를 사용해서 만든다. 이런 까닭에 폐차와 재활용 문제까지 생각하면 경자동차에 비해 친환경적이라고는 말하기 어려운 부분도 있다.

또한 작고 가볍다는 특유의 장점뿐만 아니라 엔진이나 변속기에도 연료 효율을 높이기 위한 궁리가 응축되어 있다. 차체의 폭을 넓힌 모델을 외국에 수출하거나 해외에서 생산하는 회사도 있을 만큼 경자동차에는 높은 잠재력이 있다.

거주성이나 장비, 주행 안정성 등도 충분히 높아 '1,000cc급 소형차와 비교해도 손색이 없는 자동차'라고 할 수 있을 것이다. 시가지 교통수단으로는 매우 효율이 좋은 탈것으로 환경 부담뿐만 아니라 비용도 낮다. 경자동차의 또 다른 장점으로 저렴한 유지비(세금, 보험료 등)가 있다.

CHAPTER 4

연료 전지 자동차

–

가장 완벽한 형태의 에코카

전기를 만들어내는 연료 전지를 탑재하고 그 전력으로 달리는 자동차가 연료 전지 자동차다. '궁극의 친환경 자동차'로 불리는 연료 전지 자동차의 장점과 해결해야 할 과제를 알아본다. 다양한 각도에서 연료 전지 자동차를 살펴보도록 하자.

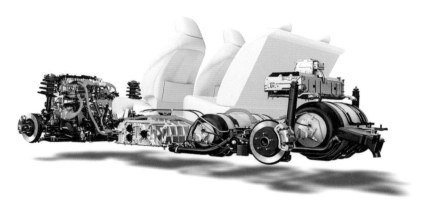

토요타 '미라이'는 세계 최초의 양산형 세단 연료 전지 자동차로서 상업화에 성공한 획기적인 친환경 자동차다. 사진은 미라이의 연료 전지 시스템과 파워 트레인이다. 사진 제공 : 토요타 자동차회사

연료 전지 자동차의 연료는 무엇일까?

--------→ 　연료 전지 자동차의 대부분은 수소(H_2)를 연료로 사용한다. 수소와 공기 속의 산소(O_2)가 만나 화학반응이 일어나면 전기가 발생하는데, 연료 전지 자동차는 이 같은 화학반응을 차 안에서 일으킨다. 이때 만든 전기로 모터를 돌린다. 수소와 산소가 만나면 물(H_2O)이 생긴다. 중학교에서 실험하는 물의 전기 분해와 정반대의 원리다. 이 때문에 연료 전지는 전지라기보다 발전 장치라고 할 수 있다.

　자동차라는 크고 무거운 탈것을 움직이려면 많은 전력이 필요하므로 효율적인 발전이 가능한 연료를 사용해야 한다. 그래서 수소를 연료로 사용한다. 수소는 물을 전기 분해하면 추출할 수 있으므로 거의 무한히 만들어낼 수 있다.

　일반적인 전기 자동차는 배터리의 충전량이 제로가 되면 충전하거나 배터리를 통째로 교체해야 계속 달릴 수 있다. 그러나 연료 전지 자동차는 연료인 수소가 다 떨어지면 거리에 있는 수소 충전소에서 휘발유처럼 탱크에 충전하면 된다. 또한 물만 배출되므로 이산화탄소 배출량은 제로다. '궁극의 친환경 자동차'라고 불리는 데에는 이 같은 이유가 있다.

　현시점에서는 화석 연료를 이용해서 발전한 전력으로 연료인 수소를 만들어내고 있기 때문에 이 과정에서 이산화탄소가 발생한다. 그러므로 '진정한 청정에너지'라고는 단언할 수 없다.

　바다로 둘러싸인 한국과 일본은 해양 자원이 풍부하므로 앞으로 해상 풍력 발전이나 조력 발전 등 재생 가능 에너지를 이용해 대량으로 수소를 만들어낼 수 있다면, 수소를 지속 가능한 에너지로 이용하는 사회가 될지도 모른다.

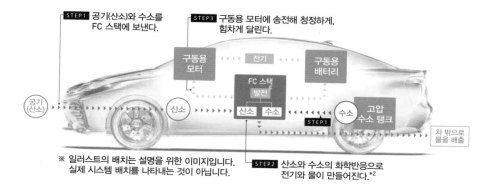

STEP1 공기(산소)와 수소를 FC 스택에 보낸다.

STEP3 구동용 모터에 송전해 청정하게, 힘차게 달린다.

구동용 모터

전기

구동용 배터리

FC 스택 발전

산소 수소

공기 (산소)

산소

수소

고압 수소 탱크

차 밖으로 물을 배출

※ 일러스트의 배치는 설명을 위한 이미지입니다. 실제 시스템 배치를 나타내는 것이 아닙니다.

STEP2 산소와 수소의 화학반응으로 전기와 물이 만들어진다.*²

미라이가 연료 전지로 달리는 원리다. 토요타 '미라이'와 혼다 'FCX'는 둘 다 연료로 수소를 이용하기 때문에 차체에 수소를 저장하는 탱크를 탑재하고 있다. 그림 제공 : 토요타 자동차

현재 연료 전지 자동차의 연료로 이용하는 것은 수소다. 수소는 분자가 매우 작아서 가두어놓기가 어렵다. 에너지 밀도도 낮기 때문에 긴 연속 주행 거리를 실현하기 위해서는 높은 압력으로 압축해서 저장할 필요가 있다. 연료 전지의 수소 탱크로는 수소가 통과하지 못하도록 코팅한 알루미늄 봄베를 사용한다. 75MPa(750기압)이라는 엄청난 고압을 견뎌낼 수 있도록 바깥쪽에 탄소 섬유를 감아서 보강한다. 사진 제공 : 다카네 히데유키

수소 연료를 차체에 충전할 때는 독특한 모양의 커넥터가 달린 노즐을 사용한다. 이 노즐을 제조할 수 있는 회사는 현재 세계에서 단 두 곳밖에 없다. 사진 제공 : 다카네 히데유키

수소는 가연성 가스인데
위험하지 않을까?

┄┄┄┄→ 수소를 연료로 사용한 연료 전지 자동차는 물만 배출하므로 이 점에서는 매우 청정한 엔진이다. 그러나 여러분도 과학 실험 시간에 경험해봤겠지만 수소는 쉽게 불타는 물질이다. '쉽게 불탄다.'라는 이 성질을 이용해서 휘발유 대신 수소를 태워 달리는 수소 엔진 자동차도 개발한 적이 있을 정도다. 요컨대 취급에 주의해야 한다는 뜻이다.

또 수소는 상온에서 기체이므로 수소 충전소나 연료 전지 자동차에서는 고압으로 압축해서 많은 양을 탑재할 수 있게 한다. 물론 수소 충전소는 연료 전지 자동차보다 더 고압으로 수소를 저장해야 한다.

그 밖에 수소를 이용할 때의 어려움으로 수소 분자가 매우 작다는 점을 들 수 있다. 수소 분자는 매우 작아서 금속을 통과해버릴 때가 있다. 이 때문에 장기 보관이 어렵다. 또 수소가 들어가면 물러지는 금속(스테인리스강)도 있다. 이것을 수소 취성이라고 한다. 참고로 이렇게 조금씩 누출된 수소는 공기 속으로 흩어지기 때문에 폭발 같은 위험성은 거의 없다.

이와 같은 수소 특유의 문제점이 있지만 자동차 제조 회사와 수소 충전소 개발 회사들은 수소를 연료로 이용할 수 있도록 다양한 대책을 마련하고 있다. 연료 전지 자동차와 수소 충전소가 보편화되기까지는 아직 시간이 걸리겠지만, 앞으로 연구가 진행됨에 따라 더욱 안전하고 다루기 쉽게 개선될 것이다.

수소는 쉽게 불타는 물질이다. 대기에 뭉쳐서 존재하는 수소에 불이 붙으면 폭발을 일으킬 정도다. 따라서 생산할 때 누출이 없는지 배관을 전부 점검하는 등 세심한 검사를 해서 품질을 관리해야 한다. 사진은 토요타 '미라이'의 생산 라인에 있는 수소 누출 점검 공정이다. 사진 제공 : 토요타 자동차

탑재되는 수소 탱크는 75MPa(750기압)라는 고압으로 충전과 보관이 가능한 강도이며, 밸브의 신뢰성도 충분하다.

일러스트 제공 : 토요타 자동차

만에 하나 충돌 사고가 발생해도 탱크가 손상되지 않도록 리어 타이어의 안쪽과 차체 중앙 부근의 바닥 부분에 설치되어 있다.

일러스트 제공 : 토요타 자동차

수소 탱크

발전을 할 수 있는 연료 전지 자동차가 왜 배터리를 탑재할까?

--------→ 연료 전지 자동차는 저장해놓은 수소를 산소와 반응시켜 발전하고, 그 전기로 모터를 돌린다. 그렇다면 배터리는 필요 없을 것 같은데, 실제로는 발전한 전기를 배터리에 잠시 저장해놓는다. 왜 그렇게 할까?

자동차는 주행 상황에 따라 매 순간 전력 소비량이 변화한다. 이것이 가전제품과 다른 점이다. 만약 연료 전지의 발전 능력을 최대 전력 소비량(최대 가속)에 맞춰놓는다면 일상 주행에서는 여유가 생긴다. 그러나 경우에 따라서는 급가속으로 갑자기 큰 전력이 필요할 수도 있는데, 이때 순간적으로 전기를 만들어서 모터에 공급하기는 어려운 일이다. 운전자가 가속 페달을 밟은 순간 즉시 반응하려면 전기를 저장해둘 필요가 있다.

또 안정된 전압을 공급하기 위해서라도 배터리라는 존재가 필요하다. 일단은 연료 전지로 발전을 할 때 전압과 전류가 일정하도록 설정하지만, 주행하다 보면 온갖 상황과 조우하는 까닭에 전력 소비량이 시시각각으로 변화한다. 크게 전력을 소비하거나 갑자기 전력을 사용하지 않게 되었을 때도 시스템의 전압을 안정시키기 위해서는 배터리가 필요하다.

회생 제동으로 발전한 전기를 모아두는 장소로도 배터리가 필요하다. 주행 중 에너지를 낭비 없이 이용하고, 수소를 절약해 연속 주행 거리를 늘리려면 차륜의 회전으로 발전기를 돌려 발전하는 회생 제동이 꼭 필요하다. 발전기를 돌릴 때의 저항은 엔진 브레이크의 대용도 된다.

연료 전지 자동차는 전기 자동차의 일종이라고 할 수 있지만, 연료 전지 자동차의 배터리는 하이브리드 자동차의 배터리와 마찬가지로 '보조 에너지원'이다.

다만 연료 전지 자동차는 스스로 발전할 수 있으므로 하이브리드 자동차나 전기 자동차만큼 고성능 배터리는 필요 없다. 그래서 토요타 '미라이'는 고성능 리튬 이온 배터리가 아니라 안정성과 신뢰성이 좀 더 높은 니켈 수소 배터리를 탑재했다. 이렇게 해서 만일의 사태가 발생해도 화재는 일어나지 않는다.

토요타 미라이의 엔진 룸에는 모터와 전류를 제어하는 PCU가 들어 있다. PCU는 연료 전지로 만든 전기의 전압을 변환해서 모터로 보낼 뿐만 아니라, 회생 충전한 전기의 전압을 변환해서 배터리로 보낸다.

사진 제공 : 다카네 히데유키

연료 전지 자동차는 모터로 달리는 전기 자동차의 부류이므로 엔진 브레이크 대신 모터로 발전하는 회생 제동이 있다. 발전한 전기는 연료 전지 스택에서 만든 전기와 마찬가지로 배터리에 잠시 저장했다가 다음에 가속할 때 사용한다. 연료 전지 자동차에 배터리가 탑재되어 있는 이유가 바로 이것이다. 미라이는 수소 탱크 위에 구동용 배터리를 배치했다.

사진 제공 : 다카네 히데유키

수소 충전소는 어떤 곳일까?

--------→ 수소 충전소는 연료 전지 자동차의 연료가 되는 수소를 충전하는 장소다. 수소를 저장하는 고압 탱크나 전용 충전 기기 등이 갖춰져 있다. 수소 충전소에는 온사이트형과 오프사이트형의 두 종류가 있다. 온사이트(On-site)형은 수소를 만들어내는 설비를 갖춘 곳이며, 오프사이트(Off-site)형은 수소를 외부에서 운송해 탱크에 충전하는 수소 충전소다.

수소는 매우 잘 새어나가며 쉽게 불타는 물질인 까닭에 저장이나 충전을 할 때 휘발유나 경유 이상으로 신경을 써야 한다. 그래서 수소 충전소는 설치 규정이 매우 까다롭다. 충전 기기에는 특수한 소재와 구조가 이용되며, 이런 기기를 만들 수 있는 기업은 세계에서도 손에 꼽을 정도다.

설치 규정은 엄격한 심사를 거듭해 안정성을 확인하면서 단계적으로 재검토되고 있지만 아직 주유소보다 까다롭고, 주변의 설비나 도로와 충분히 간격을 두도록 규정되어 있다. 용지 확보도 여의치 않다는 문제점 또한 있다. 그런 까닭에 일본에서는 아직 상설형(온사이트형, 오프사이트형) 수소 충전소가 없고, 이동형 수소 충전소가 연료 전지 자동차의 이동을 지원하는 역전 현상이 발생했다. 그래도 일부 기업이나 지방 자치 단체 등이 시험적으로 연료 전지 자동차를 이용하는 수준이었을 때는 수소 충전소의 거점 수가 적은 것이 큰 문제는 아니었다.

2014년 12월에 토요타가 연료 전지 자동차 '미라이'를 출시해 일본 전역에서 연료 전지 자동차가 사용되자, 재생 가능 에너지의 보급을 추진하는 국립 연구 개발 법인 '신에너지산업기술종합개발기구'(NEDO)가 전국 곳곳에 수소 충전소를 건설하고 있다. 2016년을 기준으로 수소 충전소 91곳(이동식 거점을 포함)이 가동되고 있다. 한국은 2017년 안에 신규 수소 충전소 14곳을 확보할 예정이고, 계획이 완료된다면 수소 충전소는 총 27곳이 될 것이다.

현재 주유소에는 운전자가 직접 주유 작업을 하는 셀프 주유도 있지만, 수소는 휘발유나 경유 이상으로 취급에 주의가 필요한 까닭에 전문 작업원이 꼭 필요하다. 또한 수소 사회가 본격적으로 도래하기 위해서는 수소를 만들어내는 공정도 좀 더 환경 부담이 적은 방법을 이용해야 할 것이다.

수소 충전소에는 온사이트와 오프사이트의 두 종류가 있다. 온사이트는 그 자리에서 수소를 만들어내 공급할 수 있는 곳이지만, 규모가 크고 건설 비용도 매우 높다. 오프사이트라 해도 비용은 40억~60억 원에 이른다고 하며, 온사이트는 그 몇 배로 치솟는다. 사진은 도쿄도 미나토구에 있는 '이와타니 수소 충전소 시바코엔'이다. 이곳은 온사이트형으로, 토요타 '미라이'의 쇼룸이 병설되어 있다. 사진 제공 : 토요타 자동차

수소 충전소의 부족을 메워주는 것이 이동식 수소 충전소인 하이드로셔틀이다. 트럭에 실으면 이동식, 지면에 놓으면 상설 오프사이트 수소 충전소로 이용할 수 있다. 한 대에 6억~25억 원이라고 한다. 사진 제공 : 다카네 히데유키

연료 전지 자동차는 왜 비쌀까?

--------→ 친환경 자동차 중에서도 연료 전지 자동차는 특히 고가다. 토요타가 내놓은 '미라이'는 723만 6,000엔(2016년 12월 현재)이며, 현대 자동차가 판매하고 있는 연료 전지 자동차인 투싼 iX FUEL CELL은 얼마 전까지 1억 5,000만 원이나 했다. 혼다의 '클래리티 FUEL CELL'은 766만 엔이다.

이렇게 가격이 비싼 이유는 먼저 생산량이 적기 때문이다. 부품을 만들기 위해 고가의 금형을 제작하더라도 생산량이 수만 대에 이른다면 한 대당 금형 가격이 낮아지므로 비용을 크게 줄일 수 있다. 그러나 연료 전지 자동차는 아직 그렇게까지 양산되지 않고 있다.

'고가의 리튬 이온 배터리를 다량 탑재할 필요가 없으니 전기 자동차보다 저렴한 비용으로 생산할 수 있지 않을까?'라고 생각하는 사람도 있을지 모르지만, 연료 전지 본체(셀 스택)의 가격이 비싸다. 여기에 수소를 연료로 사용하기 위한 구조(고압 탱크와 연결되는 배관 등)나 촉매로 사용되는 희소 금속(백금)에도 돈이 들어간다.

토요타는 미라이를 723만 6,000엔에 판매하고 있는데, 사실 이것은 전혀 채산성이 없는 가격이다. 개발 비용과 생산 비용을 생각하면 1,000만 엔 이하로 판매하는 것은 도저히 무리다. 그럼에도 이 가격에 판매하기로 결정한 이유는 일단 소비자가 연료 전지 자동차를 구입하지 않으면 수소 충전소의 수가 증가하지 않으며, 그래서는 보급이 되지 않기 때문이다.

다행히 미라이는 큰 주목을 받아, 판매와 동시에 주문이 1,500대나 들어왔다. 고객은 대부분 관공서나 환경 의식이 높은 기업이었지만, 자동차 애호가도 많았던 것으로 알려졌다. 2016년 12월 현재, 지금 주문하면 2019년 이후에나 받을 수 있다고 한다.

연료 전지 스택에는 고가의 백금을 사용한다. 다량의 수소를 환원시켜 전기를 만들려면 효율이 좋은 구조여야 하며 크기도 어느 정도 커야 한다. 사진은 혼다의 연료 전지 스택인데, 왼쪽은 초기 제품이고 오른쪽은 최신 제품이다. 이것을 보면 얼마나 소형화가 진행되었는지 알 수 있다. 사진 제공 : 다카네 히데유키

모터와 PCU, 배터리뿐만 아니라 발전을 위한 연료 전지 스택과 수소 탱크도 필요한데, 일반 자동차의 부품처럼 대량 생산이 가능하지 않기에 부품 하나하나의 가격이 비싸다. 일러스트 제공 : 토요타 자동차

한 대씩 조립하는 생산 방식 때문에 하루 생산 대수가 25대 정도에 불과하다. 현시점에서는 규모의 경제를 일으킬 수 없기에 아무래도 가격이 비쌀 수밖에 없다. 사진은 미라이를 생산하는 모습이다. 사진 제공 : 토요타 자동차

왜 토요타가 제일 먼저
시판차를 내놓았을까?

--------> 토요타 '미라이'는 최초의 세단형 연료 전지 자동차다. 참고로 세계 최초의 양산형 연료 전지 자동차는 현대 자동차의 투싼 iX fuel cell이다. 세계 최초라는 타이틀을 얻지 못했지만 토요타의 연료 전지 자동차 출시도 매우 발 빠른 행보라고 할 수 있다. 토요타가 이처럼 빠르게 연료 전지 자동차를 내놓은 데에는 무슨 이유가 있을까? 자동차 제조업은 특수한 제조업이어서, 온갖 기술을 동원해 상당한 금액의 상품을 만들어 팔아도 매출 대비 이익률은 매우 적다. 요컨대 세계 정상급의 생산 대수를 유지하지 않으면 순식간에 이익을 잃어버리는 비즈니스인 것이다. 그런 의미에서 보면 적자를 각오하고 신차를 개발·판매하는 것은 큰 도전이다.

토요타는 하이브리드 자동차 '프리우스'를 내놓았을 때도 채산이 맞지 않는 가격으로 발매해 일단 하이브리드 자동차 수요부터 만들어냈다. 그 결과 현재 하이브리드 자동차 시장에서 압도적인 점유율을 손에 넣었다. 이렇게 해서 손에 넣은 막대한 이익의 일부, 즉 수백억 엔을 투자해 이번에는 연료 전지 자동차 시장에서 같은 일을 하려는 것이다.

토요타는 미라이를 723만 6,000엔이라는 낮은 가격에 출시했을 뿐만 아니라 지금까지 방대한 자금을 투입해서 개발한 연료 전지 자동차 관련 특허를 전 세계의 자동차 제조 회사가 무상으로 이용할 수 있도록 공개했다. 연료 전지 자동차는 하이브리드 자동차와 달리 새로운 연료 공급 인프라가 필요한데, 한 회사가 독점한 시장에서는 보급이 순조로울 수 없기 때문이다. 토요타는 연료 전지 사회와 자동차라는 탈 것의 지속성을 실현하기 위해 자동차 업계의 리더로서 책임을 다하려 하고 있다. 10년 후, 20년 후의 사회를 내다보고 자동차를 연구 개발한다는 자동차 제조 회사로서의 이념을 느낄 수 있다.

미라이는 2014년 12월에 판매가 시작되었다. 723만 6,000엔이라는 가격은 성능을 생각하면 조금 비쌀지 모르지만, 토요타에게 이익이 남는 가격도 아니라고 한다. 일단 수요를 창출하는 게 중요하기 때문에 채산성을 무시하고 판매한 것이다. 사진은 미라이의 최종 공정 모습이다. 사진 제공 : 토요타 자동차

토요타는 연료 전지를 동력원으로 사용하는 버스도 개발했다. 이 버스는 토요타와 자회사인 히노 자동차가 공동으로 개발한 것으로, 히노의 하이브리드 버스를 기반으로 모터를 추가하고 연료 전지 스택과 수소 탱크를 탑재했다. 아직은 실험용으로 일부만이 사용되고 있지만, 수소 충전소 주변을 운행하는 노선버스에 사용할지도 모른다.

사진 제공 : 토요타 자동차

어떻게 수소를
만들어내는 것일까?

────→ 수소는 다양한 물질 속에 들어 있다. 물론 물을 구성하는 요소이므로 수분을 포함한 것에는 전부 들어 있다. 여기에 플라스틱이나 고무처럼 석유에서 유래한 합성수지까지, 유리나 금속을 제외하면 거의 모든 물질에 들어 있다. 그러나 수소만을 추출하는 것은 의외로 어려운 작업이다. 예를 들면 물에는 수소가 많이 들어 있지만, 수소를 물에서 분리하려면 많은 전기를 사용해야 한다. 수소가 매우 안정된 물질이기 때문이다.

현재는 천연가스에서 수소를 추출하는 방법이 주류다. 천연가스는 다양한 분자에 수소가 연결되어 있어 다량의 수소를 효율적으로 추출할 수 있다. 그러나 천연가스에서 수소를 추출할 때 이산화탄소도 배출되기 때문에 '완전무결한 무탄소'라고는 말할 수 없다.

일본 후쿠오카현에서는 하수 처리장에서 발생하는 메탄가스에서 수소를 추출하고, 이때 부차적으로 발생하는 이산화탄소도 회수해 채소 공장에 공급하는 실험을 하고 있다. 이 실험이 성공을 거둬 전국의 하수 처리장에서 수소 연료가 생산된다면 더욱 청정하고 저렴하게 수소 연료를 공급하는 일이 가능해질 것이다. 그리고 장래에 태양광 발전으로 전기를 만들어내고, 이 전기로 바닷물이나 강물에서 수소를 만들어낸다면 지극히 친환경적인 에너지를 무한정 생산할 수 있을지도 모른다.

이와 같이 수소를 에너지로 이용하려면 아직 수많은 과제가 남아 있다. 향후 기술이 발달해 문제점을 해결한다면, 수소는 안정적으로 공급할 수 있는 친환경 에너지로서 단숨에 보급될 것이다.

현재는 천연가스에서 탄소를 환원하는 방법으로 수소를 만들고 있기 때문에 이산화탄소 배출을 피할 수 없다. 후쿠오카현이 하수 처리장에서 발생하는 메탄가스에서 수소를 추출하는 실험을 하고 있다. 사진은 하수 처리장에서 수소 저장소까지 일체화한 시설의 모형이다. 사진 제공 : 다카네 히데유키

전망(수소 처리장을 중심으로 한 수소 공급 시스템)

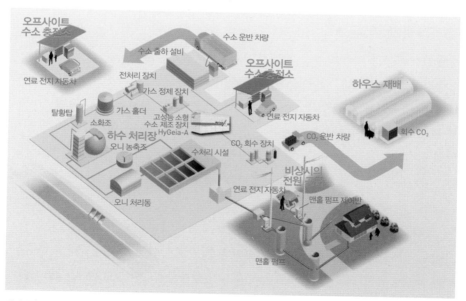

사진에서 보는 바와 같이 하수 처리장에서 만들어낸 수소를 인접한 수소 저장소에서 공급하고, 그뿐만 아니라 인근의 오프사이트 수소 저장소로 운반하거나 메탄가스에서 분리한 이산화탄소를 비닐하우스에 공급해서 채소 재배에 활용하는 방법을 연구하고 있다. 비상시에는 하수를 모으는 펌프의 구동 전력을 연료 전지 자동차가 공급하는 방안도 검토되고 있다.

사진 제공 : 다카네 히데유키

어떻게 수소로
발전을 할 수 있는 것일까?

----→ 4-07에서 설명하길 물에서 수소를 추출하려면 전기가 필요하다고 했다. 물의 분자 구조를 살펴보면 수소 결합으로 수소와 산소가 서로 튼튼하게 결합되어 있다. 이 결합을 떼어내려면 수소에 전자를 추가해줘야 한다. 이것이 전기 분해다. 이 말은 반대로 수소와 산소를 결합해 물로 만들면 전자가 남는다는 의미다. 이 전자를 추출해서 전기를 만드는 것이다.

전기를 만들려면 151쪽의 그림처럼 수소와 공기 속의 산소를 반응시킨다. 연료극에 있는 수소는 수소 원자가 두 개 연결된 분자(H_2)인데, 전해질을 통과하면서 전자를 빼앗기고 분리되어 수소 이온(H^+) 두 개가 된다. 이 현상을 이온화라고 하며, 이 상태로 전해질 속을 떠다닌다. 분리된 전자는 전류가 된다.

공기극에는 산소 분자(O_2)가 있다. 산소 분자는 역할을 마치고 흘러온 전자를 빨아들이듯이 결합해 O^{2-} 두 개가 된다. 수소 이온과 결합할 수 있는 상태가 된 것인데, 전해질에서 수소 이온을 끌어내는 형태로 결합해 물(수증기)이 된다.

현재 연료 전지의 발전 효율은 30~40퍼센트 정도로 아직 낭비가 많다고 한다. 그러나 개발이 진행되고 있는 새로운 전해질이 실용화된다면 효율이 45~65퍼센트가 될 것이다. 또한 초전도 모터가 실용화된다면 전력 손실도 크게 줄어들어 약간의 전력으로도 강력한 힘을 내고, 장기간 주행도 가능해질 것이다. 훗날에는 물 한 컵으로 하루를 달릴 수 있는 연료 전지 자동차가 등장할지도 모른다.

연료 전지를 이용한 발전의 개념도

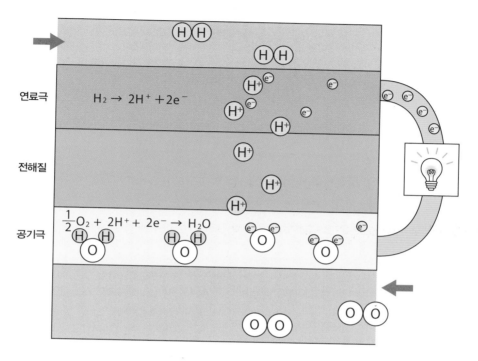

수소가 공급되는 연료극에서 수소가 전해질(전기가 통하는 물질)에 들어가면 수소는 전자를 빼앗기고 플러스 전하를 띤 수소 이온이 되어 전해질 속을 떠다닌다. 분리된 전자는 전극을 통해 밖으로 나가고 전류가 된다. 반대쪽의 공기극에는 산소가 흐르고 있는데, 일을 마친 전자를 빨아들여 마이너스 전하를 띤 산소 이온이 된다. 이 산소 이온이 수소 이온과 결합하면 물이 생긴다.

전기 자동차가 가져올 새로운 엔진의 가능성

―― 전기 자동차는 분명 효율 좋은 탈것이지만, 연속 주행 거리와 배터리 충전 등의 문제로 아직 이용 방식이 한정되어 있다. 전기 자동차의 연속 주행 거리를 늘리는 방법 중 하나로 발전용 엔진을 탑재한 레인지 익스텐더 전기 자동차가 있다.(3-01 참조)

이 자동차는 엔진을 탑재했지만 그 동력을 구동력에 이용하지 않는다. 발전기를 돌리는 용도로만 엔진을 사용하며, 달리기 위한 구동력은 오로지 모터로 해결한다. 이 방식의 장점은 엔진을 계속 연비가 좋은 특정 회전수로 돌릴 수 있다는 것이다. 또한 엔진이 직접 타이어를 구동하지 않는다면 자동차를 힘차게 가속하기 위한 출력이 필요 없으므로, 기존에 비해 작은 엔진을 사용할 수 있다.

엔진으로 발전기를 돌려서 생산한 전력은 배터리에 저장하므로 반드시 모터의 최대 출력에 맞춰서 발전할 필요가 없다. 이 덕분에 배기량이 작아도 상관없고, 다양한 레이아웃의 엔진을 탑재할 수 있다는 이점이 있다. 실제로 최근 자동차 기술 전시회에서는 독자적인 기술이나 아이디어를 자동차 제조 회사와 부품 제조 회사에 제공하는 기술 컨설팅 회사가 기존의 가솔린 자동차에서는 볼 수 없었던 레이아웃의 엔진이나 소형 로터리 엔진 등의 독특한 엔진을 발표해 기술적 우위를 과시하고 있다.

지금까지는 자동차 구동에 적합하지 않았던 엔진 형식이 크기가 작다거나, 다양한 연료를 사용할 수 있다거나, 저출력이지만 연비가 우수하다는 장점을 앞세워 새로운 전기 자동차에 탑재되는 날이 찾아올 것이다.

CHAPTER 5

고연비 가솔린 자동차

—

첨단기술로 실현한 고연비 시스템

내연 기관 자동차의 역사가 오래된 탓인지 가솔린 엔진은 환경 성능이 그다지 좋지 않다는 이미지가 있다. 그러나 엔진의 고연비를 실현하기 위한 기술은 지금도 계속 발달하고 있다. 이번에는 최신 엔진 기술을 살펴보도록 하자.

휘발유를 연소실에 직접 분사하는 실린더 내 직접 분사, 통칭 '직분사'는 연료 낭비가 적고 연료의 기화열도 이용할 수 있는 효율 높은 시스템이다. 그림은 직분사의 연소 상태를 나타낸 이미지다. 사진 제공 : 보쉬

고연비 자동차란 무엇일까?

------→ 한국에서 연비는 연료 1리터로 갈 수 있는 거리를 뜻한다. 따라서 고연비 자동차는 연속 주행 거리가 긴 차량을 뜻한다. 즉 연료 효율이 좋은 자동차라는 의미다. 고연비 자동차가 친환경 자동차임은 두말할 나위가 없다. 또한 일본의 자동차 시장에서는 친환경 자동차 감세 대상차라는 의미로도 사용되고 있다. 친환경 자동차는 우수한 연비나 배기가스를 방출하지 않는 청정함을 자랑하는 자동차인데, 친환경 자동차 감세는 구형 자동차에서 환경 성능이 우수한 최신 모델로 교체하는 일을 장려하기 위한 보조금 사업의 일환이다.

엔진이나 구동계를 개량해서 연비를 높여도 다른 조건이 나쁘다면 연비의 향상은 결국 한계에 부딪힌다. 같은 파워 트레인을 사용하더라도 자동차의 크기나 무게, 공기 저항 등에 따라 연비가 크게 달라진다. 그래서 친환경 자동차 감세의 대상이 되는 자동차는 차종별로 연비 기준이 세세하게 정해져 있다.

그런데 이 제도 때문에 이상한 역전 현상이 발생했다. 친환경 자동차 감세 대상이 되기 위한 연비 기준이 차체가 무거운 자동차일수록 느슨하게 설정된 탓에, 선루프 같은 장비를 추가해서 무게를 늘린 자동차가 친환경 자동차 감세 대상차가 되어 보조금을 받게 된 것이다. 같은 차종임에도 무게가 약간 덜 나가는 바람에 친환경 자동차 감세 대상에서 제외된 사례도 있다. 본래 연비는 가볍고 작은 자동차가 더 우수하다. 같은 무게의 자동차끼리 비교하면 고연비 자동차의 연비 성능이 더 우수한

데, 자동차의 무게를 늘릴수록 친환경 자동차 감세 대상이 되기 쉬운 것은 문제가 있다. 다행히 2015년도부터 더욱 엄격해진 2020년도 연비 기준이 적용되면서 이런 모순점이 해소되었다.

2020년도 일본의 연비 기준치 및 감세 대상 기준치

승용차(가솔린 자동차) 및 소형 버스(승차 정원 11인 이상이면서 차량 총중량 3.5톤 이하)

(단위: km/L)

구 분	연비 기준치	연비 기준 + 10%치	연비 기준 + 20%치
1. 차량 중량이 741kg 미만	24.6	27.1	29.6
2. 차량 중량이 741kg 이상 856kg 미만	24.5	27	29.4
3. 차량 중량이 856kg 이상 971kg 미만	23.7	26.1	28.5
4. 차량 중량이 971kg 이상 1,081kg 미만	23.4	25.8	28.1
5. 차량 중량이 1,081kg 이상 1,196kg 미만	21.8	24	26.2
6. 차량 중량이 1,196kg 이상 1,311kg 미만	20.3	22.4	24.4
7. 차량 중량이 1,311kg 이상 1,421kg 미만	19	20.9	22.8
8. 차량 중량이 1,421kg 이상 1,531kg 미만	17.6	19.4	21.2
9. 차량 중량이 1,531kg 이상 1,651kg 미만	16.5	18.2	19.8
10. 차량 중량이 1,651kg 이상 1,761kg 미만	15.4	17	18.5
11. 차량 중량이 1,761kg 이상 1,871kg 미만	14.4	15.9	17.3
12. 차량 중량이 1,871kg 이상 1,991kg 미만	13.5	14.9	16.2
13. 차량 중량이 1,991kg 이상 2,101kg 미만	12.7	14	15.3
14. 차량 중량이 2,101kg 이상 2,271kg 미만	11.9	13.1	14.3
15. 차량 중량이 2,271kg 이상	10.6	11.7	12.8

비고

1. '차량 중량'은 도로 운송 차량의 보안 기준(1951년 운륜성령 67호) 제1조 제6호에 규정된 공차(空車) 상태인 자동차의 중량을 말한다.
2. '차량 총중량'은 도로 운송 차량의 보안 기준 세목을 규정하는 고시 제2조 제9호에 규정된 적차(積車) 상태인 자동차의 중량을 말한다. 출처 : 국토교통성

친환경 자동차 감세 제도를 살펴보면 차량의 무게별로 연비 기준이 정해져 있다. 이것은 소형차만 우대받지 않도록 조치한 것으로, 연비를 향상하기 위해 노력한다면 미니밴이나 고급차 등 크고 무거운 자동차도 세금을 우대해주겠다는 의미다. 그러나 이것을 역이용해서 원래는 감세 대상이 아닌 자동차에 장비를 추가해 무게를 늘려서 기준에 맞춘 사례도 있었다.

직분사는 무엇이 다를까?

········→ 　가솔린 엔진은 공기와 휘발유(혼합기)를 연소실로 빨아들이고 압축한 다음, 점화 플러그로 불을 붙여 연소시킨다. 기존 가솔린 엔진에서는 공기 유량(流量)을 조절하는 스로틀 밸브를 통과한 공기가 연소실로 들어가기 직전에 흡기 포트의 인젝터가 분사한 연료와 섞여서 연소실로 빨려 들어갔다. 이것은 포트 분사라고 부르는 형식이다.

　그에 비해 실린더 내 직접 분사는 흡기 포트에서 공기만을 연소실로 빨아들인 다음 압축하는 행정에서 연료를 연료실 안으로 직접 분사한다.(이른바 직분사) 이렇게 하면 연료가 흡기 포트나 밸브 뒤쪽에 달라붙지 않기 때문에 연료를 절약할 수 있다. 또 기화열로 연소실 내부를 냉각하므로 노킹 같은 이상 연소를 방지하는 효과도 크다. 포트 분사의 경우, 이렇게 연료를 이용해 연소실을 냉각하려면 연료를 더 분사해야 하기 때문에 연료 효율이 악화되는 원인이 되었다.

　최근에는 흡기 밸브를 여닫는 타이밍을 변화시켜 부하가 적을 때는 공기나 연료를 조금만 빨아들이도록 하고, 팽창 행정은 그대로 이용해서 연료가 지닌 에너지를 더 많이 구동력으로 활용할 수 있도록 궁리한 엔진도 있다.(흡기·압축 행정보다 팽창·배기 행정이 더 길다.) 이런 고팽창비 엔진을 앳킨슨 사이클이라고 부르는 자동차 제조 회사도 있다. 포트 분사의 경우, 이처럼 정밀한 제어를 할 때 연료를 분사하는 타이밍이 기본적으로 흡기 밸브가 열린 상태로 한정된다. 그러나 직접 분사는 압축 행정에 들어간 뒤에도 연료를 분사할 수 있으므로 연료의 분사 횟수나 양을 더욱 세밀하게 조절해 연소를 최적화할 수 있다.

물론 엔진을 정밀하게 제어하려면 엔진 관리 시스템이 고성능이어야 하고, 연료를 분사하는 인젝터도 정확성과 반응성이 높아야 하므로 생산 비용이 상승한다. 또 직분사 방식은 부하가 높을 때 분사량이 증가하면 배기가스 속에 타다 남은 흑연(黑煙)이 늘어나는 문제점도 있다.

포트 분사에도 좋은 점은 있다. 엔진 제어계의 단가가 비교적 저렴할 뿐만 아니라 부하가 낮을 때 안정적으로 연소시키기에는 연소실에 들어가기 전에 혼합기를 만들어놓는 포트 분사 방식이 더 적합하다. 앞으로도 전 세계의 자동차 관련 회사가 개발을 진행해 더욱 친환경적이고 청정한 엔진을 만들어나갈 것이다.

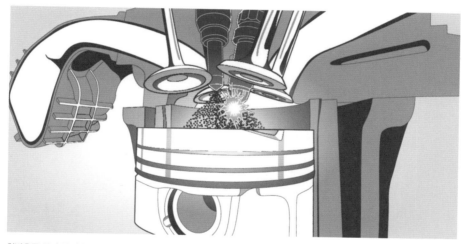

휘발유를 공기 중에 분사한다는 점은 같지만, 포트 분사와 실린더 내 직접 분사(직분사)는 연료를 이용하는 방식이 다르다. 포트 분사는 흡기 포트에 연료를 분사하기 때문에 연료가 포트의 내벽에 부딪혀 기화한다. 이 때문에 포트에 연료가 달라붙어 낭비되거나 오물로 퇴적된다. 그에 비해 직분사는 연료실에 직접 분사하므로 연료를 낭비하지 않는다. 또한 연료가 기화할 때 열에너지를 뺏어 연소실을 식히므로, 연소 온도의 상승을 억제하고 덕분에 노킹이나 질소 산화물(NOx)의 발생도 줄일 수 있다. 압축비를 높이거나 점화 시기를 최적화하는 방법으로 연비나 출력을 최대한으로 끌어낼 수 있는 것이다.

일러스트 제공 : BMW

스카이액티브란 무엇일까?

┈┈┈┈→ 스카이액티브(SKYACTIV)는 마쓰다가 개발한 자동차 기술의 총칭이다. 그러므로 엔진뿐만 아니라 구동계와 서스펜션, 차체 등의 설계 기술에도 스카이액티브라는 이름을 사용한다. 다만 그중에서도 특히 주목이 쏠리는 것은 역시 엔진 기술이다. 마쓰다의 엔진 기술은 그만큼 독창적이다.

가솔린 엔진에 사용하는 스카이액티브 기술은 기존 기술을 갈고닦아 거의 한계까지 높인 것이다. 흡배기 효율을 높여서 열효율을 향상하고, 그것을 주행 상황에 맞춰서 사용한다. 이 기술 덕분에 연료 효율이 높아졌다. 엔진의 열효율을 높여서 같은 양의 연료로 더 큰 구동력을 끌어낼 수 있다면 결국 연비 향상으로 이어진다. 그래서 스카이액티브-G(가솔린 엔진)는 엔진의 압축비를 거의 한계까지 높였다.

급가속이나 오르막길에서의 가속 등 높은 부하가 걸릴 때를 제외하면 흡기 밸브를 닫는 타이밍을 크게 늦춰서 빨아들이는 공기와 연료의 양을 줄인다. 이렇게 해서 실질적인 압축비를 낮춰도 기본 압축비가 높으므로 엔진은 충분한 힘을 발휘한다. 이 덕분에 배기량이 기존의 약 절반인 엔진으로 같은 양의 연소 가스에서 더 큰 구동력을 끌어낼 수 있는 것이다.

스카이액티브의 훌륭한 점은 친환경과 주행의 즐거움을 완벽하게 양립시켰다는 것이다. 출력이 필요할 때는 스포티 카로서 강력한 주행력을 발휘한다. 이런 친환경 자동차도 존재하기에 아직은 자동차를 운전하는 즐거움을 포기하지 않을 수 있다.

스카이액티브는 마쓰다가 개발한 자동차 기술의 총칭이다. 그중에서도 엔진 기술은 지금까지의 연소 이론을 집대성한 것이다. 가솔린 엔진의 압축비를 한계까지 높이고, 실질적인 압축을 주행 상태에 맞춰 변화시킨다. 이 덕분에 모든 영역에서 효율 높은 연소 상태를 실현했다. 순수하게 엔진 성능을 추구한 파워 유닛은 주행의 즐거움과 높은 친환경 성능을 동시에 실현했다. 사진 제공 : 마쓰다

터보차저가 재평가되고 있다?

········→ 　터보차저는 1974년의 석유 파동 이후 배출 가스 규제로 출력이 약해진 엔진의 성능을 높이는 장치로서 1980년대 일본 자동차에 사용되었다. 터보차저는 엔진 배기가스의 압력으로 터빈을 돌리고, 그 터빈의 회전으로 압축기를 작동해 공기를 압축한다. 그리고 이 압축된 공기를 엔진에 보내 배기량 이상의 출력을 만들어 낸다.

　그러나 가속을 빈번하게 하면 연료 효율이 악화되는 경향이 있어서 더욱 엄격해진 배기가스 규제에 대응하기가 어려웠다. 여기에 엔진 자체의 효율도 높아짐에 따라 얼마 전까지만 해도 스포츠카 등 일부 자동차만이 터보차저를 탑재할 뿐이었다. 그런데 부하가 낮을 때는 과급을 하지 않고, 부하가 높을 때(가속할 때 등)만 과급을 해서 엔진 배기량을 줄일 수 있는 다운사이징 터보로 이용되어 또다시 주목받기 시작했다.(5-07 참조)

　유럽에서 다운사이징 터보를 채용하기 시작한 이래 지금은 미국이나 일본의 자동차 제조 회사도 채용하고 있으며, 터보차저 생산 회사는 급격히 증가한 수요를 맞추기 위해 증산 체제를 서둘러 구축하고 있다. 세계에서 터보차저를 가장 많이 생산하고 있는 곳은 미국의 프랫 앤드 휘트니다. 2위는 역시 미국의 보그워너이며, 일본의 IHI와 미쓰비시 중공업이 거의 나란히 그 뒤를 따르고 있다. 이 네 회사가 전 세계의 승용차용 터보차저를 대부분 생산하고 있다.

자동차의 파워 유닛은 당분간 엔진이 계속 주류를 이룰 것으로 예측하고 있는데, 다운사이징 터보나 마일드 하이브리드 등을 통해 앞으로도 계속 연비가 향상될 것이다.

최신 터보 자동차는 예전보다 자연스러운 주행감과 높은 연비를 실현했다. 또한 터보차저의 내부를 개량해, 터보랙이라고 부르는 느린 반응에 따른 더딘 가속 현상을 해결했다. 저회전일 때는 배기가스가 적어 터빈을 돌릴 압력이 부족하므로 가변 용량 터보에는 배기가스의 양에 맞춰 압력을 조절할 수 있는 가변 노즐이 갖춰져 있다. 사진 제공 : BMW

배기가스

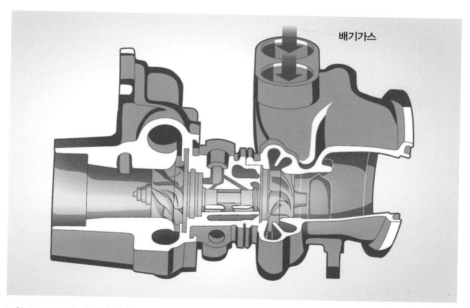

배기가스

트윈 스크롤 터보는 유로(流路)가 두 개로, 배기가스가 적을 때는 바깥쪽 유로로 터빈을 돌리는 힘을 높인다. 또한 배기가스를 우회시켜 과급압을 제어하는 웨이스트게이트에 자유자재로 재빨리 작동시킬 수 있는 전동식을 채용하는 등, 터보차저를 제어하는 기술도 진화해 효율을 높이고 있다. 일러스트 제공 : BMW

앞으로 휘발유를 몇 년이나 더 사용할 수 있을까?

꽤 오래전부터 리서치 회사나 석유 회사 등이 "앞으로 50년 뒤에는 석유가 고갈될 것이다."라는 말을 해왔는데, 몇 년이 지나도 '50년'이라는 시간이 줄어들지를 않았다. 새로운 유전이 발견되거나 새로운 굴착 기술이 개발됨에 따라 그전까지는 굴착이 어려웠던 유전에서 석유를 채굴할 수 있기 때문이다. 또한 채산성이 없어 방치되었다가 채굴 비용의 감소로 채산성이 생긴 유전이 증가하면 가채 연수는 더욱 늘어난다.

특히 미국에서는 암반층에서 셰일 가스를 대량으로 채굴하고 있다. 그런데 이에 대응해 중동의 산유국들은 석유 가격을 유지하기 위한 생산 조절(생산량을 줄임)을 단행하지 않았다. 시장에 석유가 남아돌게 해서 가격을 떨어뜨리고, 이를 통해 셰일 가스의 채산성을 악화시키려 한 것이다. 여기에 중국의 경제 성장이 둔화하자, 공급은 더욱 과잉 기미를 보였다.

그 결과 국제 원유 가격은 크게 하락했다. 2008년 금융위기 당시 140.70달러까지 치솟은 원유 가격이 2014년 가격 급락을 겪으면서 지금에 이른 것이다. 2016년 12월 현재 원유 가격이 서서히 상승하고 있지만, 앞으로도 당분간 중동 산유국과 미국을 포함한 셰일 가스 세력의 줄다리기가 계속될 듯하다.

가채 연수는 수요에 따라서도 변화한다. 대체 에너지의 발전이나 석유 가격의 상승 등으로 수요가 감소하면 가채 연수도 늘어난다.

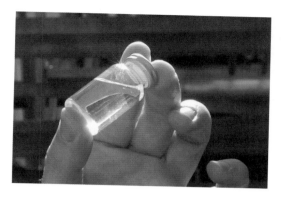

굴착 기술의 진보와 셰일 가스를 비롯한 새로운 유전의 발견으로 석유 가채 연수가 줄어들기는커녕 계속 늘어나고 있다. 사진 제공 : 아우디

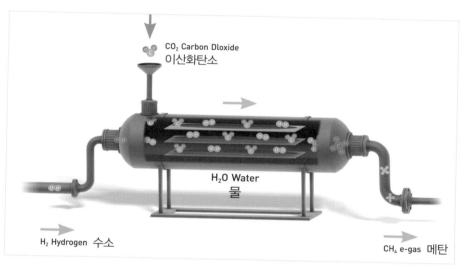

CO_2 Carbon Dioxide
이산화탄소

H_2O Water
물

H_2 Hydrogen 수소

CH_4 e-gas 메탄

연료를 합성하는 기술도 발전하고 있다. 아우디는 인공 휘발유 'e가스'(메탄)의 합성에 성공했다. 프랑스의 글로벌 바이오 에너지와 공동 개발한 것으로, 옥수수를 발효해 정제하고 여기에 수소를 추가해 합성한다. 대기 속의 성분을 원료로 자연 에너지를 사용해서 연료를 합성하는 것이 장기 목표다. 사진 제공 : 아우디

가솔린 자동차는
어떻게 연비를 높이고 있을까?

⸺⟶ 가솔린 자동차는 일단 전기 모터로 엔진의 구동 손실을 줄이고 있다. 파워 스티어링은 스티어링의 조타력을 경감해주는데, 예전에는 유압 펌프를 엔진이 구동했다. 그러나 최근에는 전기 모터가 필요한 만큼만 구동하는 전동 파워 스티어링을 통해 엔진의 구동 손실을 줄이고 있다.

동시에 경량화도 진행되고 있다. 엔진의 냉각수를 순환시키는 워터 펌프도 엔진을 이용해서 상시 구동하는 기계식에서 냉각수의 온도에 따라 펌프의 회전수를 조절하는 전동 워터 펌프로 바뀌고 있다. 또한 이러한 장치에 필요한 전력 공급에 자동차가 감속할 때 충전량을 늘리는 회생 발전을 이용하면서 더욱 엔진의 구동 손실을 줄이고 있다.

엔진 연소실에도 연비를 높이기 위한 최신 기술을 적용한다. 연료 분사량을 최대한 줄이면서 연소 온도를 억제하도록 연료 분사 타이밍을 최적화하거나, 연소 1회로 분사를 여러 차례 하는 등 매우 정밀한 제어 기술을 활용하는 것이다.(5-02 참조) 엔진은 부하가 적을 때일수록 연소가 비효율적이며 열효율이 저하된다. 가속 페달을 적게 밟으면 연료를 조금만 사용하므로 스로틀 밸브를 닫아서 빨아들이는 공기량을 줄인다. 한편 엔진은 흡기 밸브를 열어서 연소실에 공기를 보내려 하기 때문에 스로틀 밸브와 흡기 밸브 사이가 부압 상태가 되어 공기를 빨아들일 때 저항이 발생한다. 이것이 바로 펌핑 손실이다.

이 펌핑 손실을 낮추기 위한 방법에는 스로틀 밸브를 사용하지 않고 흡기 밸브의 리프트량으로 공기의 흡입량을 제어하는 방법, 흡기 밸브를 흡기 행정보다 빠르게 닫거나 늦게 닫아 흡입 공기를 줄이는 방법, 흡입 공기에 연소를 마친 배기가스를 섞어서 공기량을 줄이지 않고 펌핑 손실을 줄이는 방법(쿨드 EGR) 등이 있다.

부하가 적을 때(고속도로에서의 순항 주행 등) 실린더의 약 절반을 쉬게 하는 기통 휴지 시스템은 대배기량 엔진 이외의 엔진에도 채용되는 사례가 증가하고 있다. 앞에서 소개한 직분사 엔진이나 스카이액티브, 다운사이징 터보 등도 가솔린 엔진의 효율을 높이는 유력한 기술이다.

그 밖에 주행 시 생기는 여러 가지 저항을 줄이기 위한 노력도 진행되고 있다. 공기 저항을 줄이는 차체 형태, 엔진 오일의 저점도화 및 소량화, 구름 저항이 적은 친환경 타이어 등이 그것이다. 이와 같은 고효율·손실 경감 기술들이 자동차의 연비를 높인다.

EGR은 배기가스를 연소실로 돌려보내 불활성 가스로 재이용하는 장치다. 배기량을 줄이는 효과가 있다. 흡기 밸브를 닫는 타이밍을 늦추고, 실린더의 용적보다 적은 공기와 연료로 연소를 실시하는 앳킨슨 사이클을 채용한 엔진도 늘고 있다.

일러스트 제공 : 마쓰다

EGR 쿨러

수지 부품과 고장력 강판을 적극적으로 채용하면서 차체 경량화, 구름 저항 경감 등 온갖 방향에서 연비를 높이고 있다. 사진은 주행 시 발생하는 공기 저항을 줄이기 위해 실험하는 모습이다.

사진 제공 : 메르세데스 벤츠

다운사이징 터보는
왜 연비가 좋을까?

········→   터보는 연비가 나쁘다고 생각하는 사람이 적지 않다. 터보는 1980년대에 고성능의 대명사로서 인기를 모았는데, 무의식중에 가속 페달을 지나치게 밟는 운전자의 운전 습관도 연비를 악화시키는 원인 중 하나였을 것이다. 터보는 엔진에 많은 공기와 연료를 밀어 넣어 출력을 얻는다. 그런데 이때 연소 온도가 상승해서 노킹(돌발적인 연소를 일으키는 비정상적인 상태)을 일으키는 경우가 있다. 이 노킹을 방지하기 위해 연료를 조금 많이 공급해서 연료의 기화열로 연소 온도를 낮춘다. 이것이 연비를 악화시켰기 때문에 '터보는 연비가 나쁘다.'라는 이미지가 정착된 것이다.

본래 터보는 엔진의 효율을 높이는 장치이며, 올바르게 다루면 연비 향상에 공헌한다. 그래서 연소실에 직접 연료를 분사하는 실린더 내 직접 분사 방식의 가솔린 엔진이 실용화되어 연료를 낭비하지 않고 기화열로 냉각시킬 수 있게 되자 터보가 부활했다. 직분사에 터보를 조합한 엔진은 연소실에 직접 연료를 분사하는 방식으로 냉각 효과를 높이기 때문에 과급에 따른 연료 온도의 상승을 필요 이상의 연료 분사 없이 억제한다. 이에 따라 다운사이징 터보라는 효율 좋은 엔진이 등장했다.

다운사이징 터보는 발진 가속이나 추월 가속, 오르막길에서의 가속 등 부하가 큰 상황에서 작동해 힘찬 주행을 보여주지만, 느리게 달릴 때나 정속 주행을 할 때 등 부하가 작은 상황에서는 작동하지 않아 단순히 소배기량 엔진이 되어 연비 향상에 공헌한다.

한편 직분사를 채용하지 않은 다운사이징 터보도 있다. 이것은 비용을 우선한 것으로서 그만큼 연비 향상 효과가 미약하지만, 그 대신 변속기 같은 구동계를 개량해 연비를 높이려 한다. 자동차 제조 회사는 자신에게 강점이 있는 분야를 최대한 활용하면서 자동차를 만들고 있는 것이다.

벤츠 E클래스 중에서 가장 배기량이 작은 모델은 2리터 4기통 터보 엔진을 탑재한 E200이다. 9단 자동 변속기와 조합해서 1리터당 14.7킬로미터(JC08모드)라는 우수한 연비를 실현했다. 사진 제공 : 메르세데스 벤츠

출력이 부족한 소배기량 엔진도 터보와 조합하면 크고 무거운 자동차를 달리게 할 수 있다. 독일의 메르세데스 벤츠는 세계 굴지의 고급차 브랜드인데, 이 브랜드의 고급차에도 다운사이징 터보가 탑재된다. 사진 제공 : 메르세데스 벤츠

재규어 XJ. 알루미늄을 사용해 경량화를 꾀했다고는 하지만 폭 1.9미터, 길이 5.13미터, 차중 1,780킬로그램의 당당한 차체에 불과 2리터의 엔진을 탑재했다. 그럼에도 고급차로서 손색이 없는 주행과 우수한 연비를 실현했다.
사진 제공 : 재규어

재규어는 최고급 차량인 XJ에도 4기통 2리터 터보 엔진을 탑재한 사양을 준비했다. 8단 자동 변속기와 조합해 1리터당 11.5킬로미터(JC08모드)의 연비를 실현했다.
사진 제공 : 재규어

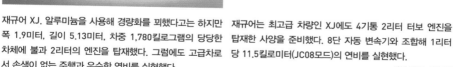

연속 가변 변속기와 자동 변속기, 듀얼 클러치 변속기는 어떻게 다를까?

------→ 친환경 자동차에 탑재되어 있는 변속기는 크게 나눠서 연속 가변 변속기 (Continuously Variable Transmission. CVT)와 자동 변속기(Automatic Transmission. AT), 듀얼 클러치 변속기(Dual Clutch Transmission. DCT) 등 세 종류다. 연속 가변 변속기는 금속제 벨트와 풀리(도르래)를 사용한 무단 변속 장치로, 변속 영역이 넓고 매끄럽게 변속할 수 있어 소형차를 중심으로 채용되고 있다. 자동 변속기는 4단 이상의 다단형이 증가하는 추세다. 듀얼 클러치 변속기는 수동 변속기(Manual Transmission. MT)를 자동 변속화한 것으로, 짝수단과 홀수단에 각각 클러치를 갖추어서 변속할 때 엔진의 구동력을 끊기는 일 없이 매끄럽고 효율적으로 전달할 수 있다는 점이 특징이다.

가장 효율이 높은 것은 듀얼 클러치 변속기이지만, 자동 변속기도 발진할 때나 변속할 때 이외에는 유체 클러치인 토크 컨버터를 직접 연결해 구동 손실을 크게 줄였다. 연속 가변 변속기는 구동력을 전달하는 벨트를 유지하기 위해 높은 유압이 필요하다. 이 탓에 손실이 크지만 폭넓은 변속비가 엔진의 회전수를 억제하기 때문에 비용이 저렴하고, 실제 연비도 우수하다.

변속기에 따른 차이는 운전 조작에 별다른 영향을 주지 않으며, 주행감이 조금 달라지는 정도다. 예를 들어 연속 가변 변속기는 변속 충격이 없어 매끄러운 감촉이지만, 가속 페달을 밟았을 때의 반응이 조금 둔하고 가속감도 약한 인상을 준다.

또한 자동 변속기는 고급차에 채용되는 경우가 많은데, 매끄러운 변속을 할 수

벨트

연속 가변 변속기는 금속 벨트로 풀리를 직접 연결하고, 풀리의 폭을 바꾸어 벨트를 감은 반지름을 변화시켜 변속한다. 변속 충격이 없는 반면에 풀리와 벨트 사이에 '미끄러짐'이 발생하기 때문에 다른 변속기에 비해 전달 효율이 조금 떨어진다. 전달할 수 있는 구동력에도 한계가 있어 소형차에 적합한 구조다. 사진 제공 : 닛산 자동차

스바루의 임프레자나 레거시, 레보그는 링크 플레이트 체인을 사용한 연속 가변 변속기를 탑재하고 있다. 풀리의 지름을 작게 만들 수 있고 전달 효율도 우수한 구조다. 사진은 주행용 모터를 내장한 임프레자 스포츠 하이브리드용 연속 가변 변속기다. 사진 제공 : 스바루

있다는 매력이 있기 때문이다. 이는 자동 변속기가 다양한 유성 기어를 조합하는 방식으로 변속하면서 세밀하게 제어하는 덕분이다.

한편 듀얼 클러치 변속기는 수동 변속기를 기반으로 변속 조작이나 클러치의 단속을 자동으로 실시한다. 따라서 자동 변속기와 똑같이 페달 두 개로 조작할 수 있다. 구조가 비교적 단순하며 기계적인 손실이 적고, 클러치 두 개를 교대로 사용해서 순간적으로 변속을 조작할 수 있다는 이점이 있다. 그러나 매끄러운 주행을 하려면 매우 정밀한 제어가 필요하다. 그런 까닭에 직결감이 좋은 대신 매끄러운 주행감은 자동 변속기에 미치지 못한다. 듀얼 클러치 변속기는 높은 효율과 직결감 때문에 스포츠카에 많이 채용되고 있다.

소형차에는 싱글 클러치 수동 변속기를 그대로 자동화한 자동화 수동 변속기(Automated Manual Transmission, AMT)도 채용하고 있다. 이 경우, 변속할 때의 충격이 더욱 크다. 결국 연속 가변 변속기와 자동 변속기, 듀얼 클러치 변속기 중 무엇을 채용하느냐는 자동차와의 상성이나 자동차 제조 회사의 기술, 혹은 변속기 제조 회사의 의도 등 수많은 조건에 의해 결정된다.

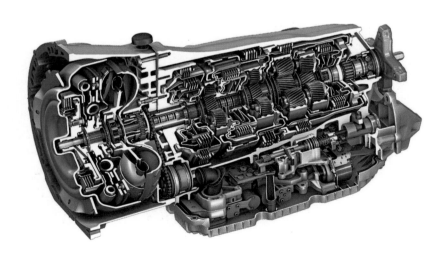

자동 변속기는 유성 기어라고 부르는 3중 구조의 기어를 다양하게 조합해서 변속한다. 유성 기어를 복수 조합해 6단부터 10단까지의 다단 자동 변속기가 개발되었다. 록업(직결) 기구가 달린 토크 컨버터와 조합해서 매끄럽고 효율적인 주행을 실현했다. 중대형 이상 차량에 적합한 구조다. 일러스트 제공 : 메르세데스 벤츠

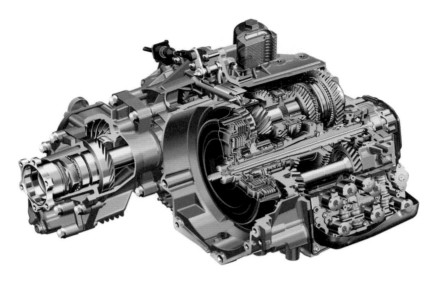

듀얼 클러치 변속기는 수동 변속기를 자동 제어하고 짝수단과 홀수단에 각각 다른 클러치를 설치해서 순간적으로 매끄럽게 변속한다. 직결감이 우수하고 전달 효율도 우수해 스포티한 자동차뿐만 아니라 소형차부터 미니밴까지 폭넓게 채용하고 있다. 일러스트 제공 : 아우디

스즈키의 AGS(Auto Gear Shift)는 수동 변속기를 기반으로 자동 변속 기능을 추가한 자동화 수동 변속기의 일종이다. 자동 변속기에 비해 구조가 간단하고 가벼우며 비용이 저렴한 것이 특징이다. 변속할 때 엔진의 구동력이 끊기기 때문에 가속감이 조금 부자연스럽다는 단점도 있다.

사진 제공 : 스즈키

엔진에서 캠을 없애버린다?

-------→ 　내연기관에서 캠은 매우 중요한 역할을 한다. 밸브를 여닫는 부품으로 연소실에 공기를 공급하거나 배기가스를 빼낸다. 현재 밸브 시스템의 주류는 오버헤드 캠축식인데, 캠축이 엔진 상부에 있기 때문에 이렇게 부른다. 참고로 캠축이 하나인 방식은 싱글 오버헤드 캠축식(SOHC), 두 개인 방식을 더블 오버헤드 캠축식(DOHC)이라 한다.

　이처럼 엔진에는 반드시 있어야 하는 캠이지만, 이 캠을 과감하게 없애버린 회사가 있다. 바로 쾨닉세그의 자회사 프리밸브다. 프리밸브가 개발한 엔진은 캠프리(QamFree)라고 불린다. 말 그대로 실린더 헤드에 있어야 할 캠이 없다.

　여러 개의 캠이 달린 캠축은 대개 크랭크축 풀리, 타이밍 벨트 등 여러 기계 구조에 의지해 작동한다. 반면 캠프리 엔진은 복잡한 기계 구조 대신 액추에이터와 전자 레일을 활용해 구조를 간단하게 만들었다. 캠 대신 액추에이터가 밸브를 밀어내는 역할을 담당하고, 전자 레일이 액추에이터를 제어한다.

　이런 복잡한 기계 구조를 버리면 여러 장점이 생긴다. 공기와 배기가스의 흐름을 보다 정밀하고 자유롭게 제어할 수 있게 된 것이다. 상황에 따라 밸브의 여닫는 시기와 열림 정도까지 미세하게 조절할 수 있는 것은 물론이고, 고회전에서 밸브 스프링의 운동이 불안정해지는 밸브 서징 현상도 해결된다.

　서지탱크와 같은 큰 부품이 사라져 무게와 부피도 줄어든다. 캠축을 작동시키는 일이 없기에 크랭크샤프트에도 부담이 적다. 다만 제작 정밀도에 따라 안정성이 걱정스럽다는 평가도 있다.

캠프리 엔진은 코로스3에 탑재되어 양산된다. 코로스는 중국과 이스라엘의 합작 회사다. 사진 제공 : 코로스

친환경 자동차를 어떻게 선택해야 할까?

── 친환경 자동차를 구입하려는 사람에게 가장 큰 고민은 '소중한 내 차를 단지 연비만 보고 결정해도 되는 걸까?'가 아닐까? 분명히 연비가 일정 수준 이상 좋은 자동차라면 연료비는 그다지 차이가 나지 않는다. 숫자상으로는 1리터당 0.1킬로미터라도 연비가 좋은 자동차가 더 주목을 받지만, 연비가 향상될수록 매달 연료비 지출 차이는 줄어든다. 이런 경향은 주행 거리가 짧은 사용자일수록 커진다.

예를 들자면, 연비가 40퍼센트 향상되어서 한 달 연료비가 5만 원에서 3만 원이 된다 한들 그 차이는 2만 원이다. 1년으로 환산하면 24만 원을 절약할 수 있지만, "1년에 24만 원을 절약하려고 1,000만 원 더 비싼 하이브리드 자동차를 살 거야?"라고 누군가 물어본다면 대답을 망설이는 사람도 있을 것이다.

우리가 자동차에 원하는 것은 연비 성능만이 아닐 것이다. 화물 적재 능력도 있을 것이고, 승차감처럼 쾌적성이나 주행의 즐거움도 있다. 특히 주행의 즐거움이라는 관점에서 보면 하이브리드 자동차는 일반적으로 제어가 복잡한 까닭에 가속감이 기존 가솔린 자동차와 다르다. 즐거운 주행을 원한다면 가솔린 엔진이나 디젤 엔진을 사용한 친환경 자동차를 선택해도 만족할 것이다. 또 엔진 자동차라고 해도 아이들링 스톱 시스템이 탑재되어 있다면 도로 정체 같은 상황에서도 연비가 상당히 좋아진다.

중고 판매 가격도 중요하다. 과거에는 "하이브리드 자동차는 중고로 비싸게 팔수 있다."라는 말이 있었지만, 지금은 3년 이상 경과한 하이브리드 자동차의 경우, 배터리 성능 저하를 이유로 중고 판매 가격이 낮아지는 경향이 있다.

CHAPTER 6

클린 디젤 자동차

–

환경 성능과 고연비를 잡은 고성능 엔진

디젤 엔진이라고 하면 '힘은 좋지만 느린 엔진'으로 트럭이나 버스에나 사용하는 엔진이라는 이미지가 뿌리 깊지만, 사실은 매우 효율이 좋은 엔진이다. 최신 배기가스 정화 기술을 활용한 디젤 엔진이 승용차에 탑재되는 사례가 증가하고 있다.

유럽에서는 디젤 엔진을 탑재한 소형차도 드물지 않다. 사진은 BMW 미니에 탑재된 디젤 엔진의 단면 모형이다.

사진 제공 : BMW

디젤 자동차가 '클린'이라고?

------→ 디젤 자동차에 '클린'(clean)이라는 단어가 붙은 것에 위화감을 느끼는 사람도 있지 않을까? "가솔린 자동차가 더 청정하지 않아?"라고 말하고 싶을 것이다. 분명히 얼마 전까지 디젤 자동차라고 하면 튼튼하고 연료비가 저렴하지만, 시끄럽고 가속 중에 새까만 연기를 뭉게뭉게 내뿜어 거리의 공기를 더럽히는 원흉이라는 이미지가 있었다.

그런데 유럽을 중심으로 여러 나라에서 디젤 자동차의 배기가스 규제를 강화하고, 새로운 규제를 마련하면서 디젤 자동차의 환경 성능이 크게 높아졌다. 이 덕분에 디젤 엔진을 탑재한 승용차의 판매가 늘고 차종도 다양해졌다.

현재의 배기가스 규제를 통과한 디젤을 클린 디젤이라고 한다. '클린 디젤'은 디젤 자동차의 낡은 이미지를 없애려고 의도적으로 사용하는 명칭이라고 생각해도 무방하다. 배기가스 정화 기술은 자동차 제조 회사에 따라 다양하다. 애초에 디젤 엔진은 가솔린 엔진보다 열효율이 높으므로 이산화탄소 배출량은 적다. 여기에 질소 산화물이나 미세먼지(Particulate Matter. PM) 등의 대기 오염 물질을 줄이면서 공해가 적은 자동차가 되었고 가솔린 자동차보다 연비도 높아졌다. 저공해 엔진을 만들기 위해 개발한 기술이 연비와 쾌적성을 더욱 높였다. 1960~1970년대의 디젤 엔진이 만들어내는 배기가스의 오염도를 100이라고 하면, 최신 클린 디젤은 5 정도다. 또한 이산화탄소 배출량도 옛 디젤 엔진이나 현재의 가솔린 엔진보다 적다.

디젤 엔진의 연료는 경유인데, 옛날에는 경유에 유황분이 많이 들어 있었다. 이 유황분이 유황 산화물의 형태로 배출되어 산성비나 여러 대기 오염의 원인이 되었다. 그러나 현재는 경유에서 유황분을 제거하는 저유황화가 진행되어, 연료에서 기인하는 환경오염도 상당히 감소했다.

일본 디젤 양산차의 배출 가스 규제 수치 추이

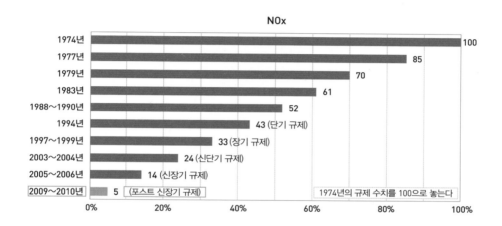

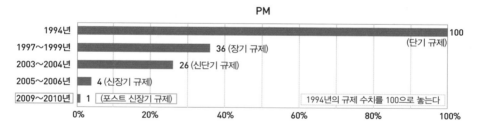

디젤 자동차를 판매하려면 그 지역의 배기가스 규제를 통과해야 한다. 이 말은 배기가스 규제 수치를 비교하면 그 지역, 그 시대의 디젤 자동차가 얼마나 청정한지 판단할 수 있다는 뜻이다. 일본의 디젤 자동차 배기가스 규제는 석유 파동이 일어난 1974년부터 시작되었는데, 당시의 규제 수치를 100이라고 하면 현재(포스트 신장기 규제)는 배기가스 속 질소 산화물을 규제하는 수치가 5로 강화되었다. 또한 배기가스의 미세먼지는 1994년부터 규제가 시작되었는데, 현재는 당시 기준 수치의 1%를 규제 기준으로 삼고 있다. 이것을 보면 디젤 자동차가 얼마나 청정해졌는지 이해할 수 있다. 출처 : 히노 자동차

클린 디젤 자동차는
왜 검은 연기를 내뿜지 않을까?

------→ 　검은 연기의 정체는 배기가스에 섞인 미세먼지다. 미세먼지는 연료가 타고 남은 찌꺼기, 즉 그을음 같은 것으로 연료를 필요 이상으로 분사하면 발생한다. 옛날 디젤 자동차는 오르막길 같은 상황에서 필요 이상으로 가속 페달을 밟았고, 이 탓에 검은 연기를 더욱 대량으로 발생시켰다. 검은 연기를 내뿜는 디젤 자동차를 본 적이 있는 사람도 많을 것이다.

　'그렇다면 연료 분사를 줄이면 되잖아?'라고 생각하는 사람도 있을 것이다. 그런데 연료를 줄이면 이번에는 연소 온도가 상승해서 질소 산화물이 증가한다. 질소 산화물은 광화학 스모그의 원인이기도 하며 건강에도 악영향을 끼친다. 그래서 클린 디젤의 경우 두 가지 대책을 내세워 검은 연기를 배출하지 않도록 만들어졌다.

　첫 번째는 연소 상태를 조절하는 것이다. 디젤 엔진은 압축해서 고온이 된 공기에 경유를 분사해 자연 발화시키는데, 연료를 분사하는 타이밍으로 연소 상태를 조절한다. 옛 디젤 엔진은 공기를 압축한 상태에서 연료를 단번에 분사해 연소했다. 그러나 현대의 디젤 엔진은 연소 1회에 연료를 4~5회 분사한다. 이 덕분에 좀 더 균일하고 안정적인 연소를 실현했다. 엔진을 컨트롤하는 유닛인 ECU(Engine Control Unit)가 인젝터에 분사량을 지령하고 이를 인젝터가 정확히 실행하는 것인데, 1분에 2,000회, 즉 1초 동안 30회 이상 연소하면서 연소 1회마다 4~5회 이상 연료를 분사하는 그야말로 번개 같은 속도를 자랑한다.

두 번째는 '후처리'라고 부르는 촉매를 이용한 정화다. 디젤 미립자 필터(DPF. Diesel Particulate Filter)라는 필터로 미세먼지를 붙잡고, 일정량 이상 미세먼지가 모이면 연료를 분사한다. 필터에 모인 미세먼지를 태워서 분해하는 것이다. 또 배기가스 속에 요소를 분사해 질소 산화물을 분해하는 선택형 환원 촉매(SCR. Selective Catalytic Reduction)라는 시스템을 도입한 차량도 있다.

연료 분사를 여러 차례로 나눠서 자주 하는 방식을 이용해 검은 연기의 발생을 억제했다. 또 클린 디젤의 배기계에는 검은 연기를 해결하기 위해 많은 정화 장치가 장착되어 있다. 먼저, 엔진의 바로 뒤에 장착된 산화 촉매가 배기가스 속의 질소 산화물, 탄화수소(HC), 일산화탄소(CO)를 질소(N_2), 이산화탄소(CO_2), 물(H_2O)로 환원한다. 그러나 가솔린 엔진에 비해 질소 산화물이 많은 디젤 엔진은 산화 촉매만으로 모든 질소 산화물을 환원하기가 어렵기 때문에 질소 산화물 흡장 촉매나 요소 SCR 촉매를 사용해서 최종적으로 질소 산화물을 환원한다. 질소 산화물을 줄이고자 연소 온도를 낮추면 검은 연기의 주성분인 미세먼지가 발생할 가능성이 높기 때문에, 결국 질소 산화물을 환원하는 촉매가 검은 연기를 줄여준다.

일러스트 제공 : 보쉬

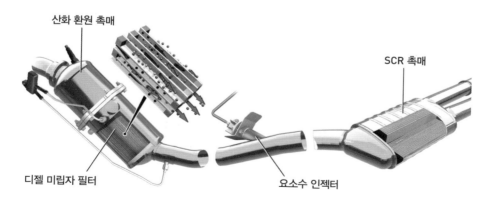

산화 환원 촉매

SCR 촉매

디젤 미립자 필터

요소수 인젝터

디젤 미립자 필터로 미세먼지를 붙잡고, 일정량 이상 미세먼지가 쌓이면 배기가스에 미연소 가스를 섞어 필터 안에 모인 미세먼지를 재연소시킨다. 미세먼지를 태우는 것이다. 일러스트 제공 : 메르세데스 벤츠

클린 디젤 엔진은
어떤 점이 좋을까?

--------→ 　클린 디젤은 애초에 열효율이 우수한 디젤 엔진을 더욱 정밀하게 제어해서 배기가스를 깨끗하게 만들고 연비도 높인 것이다. 디젤 엔진은 공기를 압축하고 연료를 분사해 자연 발화시키기 때문에 연료의 분사량과 타이밍을 이용해 출력이나 연비 등을 조절할 수 있다. 연료 분사를 세밀하게 제어하면 배기가스의 유해 성분을 크게 줄일 수 있는 것이다.

　물론 연료 분사 장치는 고도의 시스템이므로 파워 트레인의 단가가 가솔린 엔진보다 높아져 차량 가격이 비싸다. 그럼에도 연료를 낭비하지 않으므로 연비가 향상되고 배기가스도 깨끗하며, 연료 가격도 휘발유보다 저렴한 까닭에 많은 거리를 달릴수록 이익이 커진다. 하이브리드 자동차나 전기 자동차처럼 매년 배터리 성능이 떨어져서 교체 비용이 발생하는 일도 없다. 아이들링 스톱 시스템이 탑재되어 있으면 정차와 발진이 잦은 도심부에서도 연비가 나쁘지 않다.

　참고로 클린 디젤에는 터보차저가 장착되어 있다. 가솔린 엔진보다 배기가스의 압력이 커서 터빈을 돌리기 쉬운 까닭에 터보차저와의 상성이 좋다.

　클린 디젤 승용차는 정숙성도 높아서 주행 중에도 매우 쾌적하다. 디젤 엔진은 압축비(전체 용적÷연소실 용적)가 높고, 저회전 영역에서는 배기량이 두 배 이상인 가솔린 자동차보다도 힘이 좋다. 가속 페달을 가볍게 밟기만 해도 힘차게 자동차를 가속시킬 수 있다. 엔진이나 구동계의 부품도 튼튼하다. 이것은 디젤 자동차 특유의 매력이다.

연비와 가속 성능이 우수한 디젤 엔진을 승용차에 탑재하면 가솔린 자동차보다 빠르고 쾌적하며, 실제 연비도 우수한 자동차를 만들 수 있다. 사진은 마쓰다 '악셀라'다. 사진 제공 : 마쓰다

그래프1 AXELA Sport(1.5L)의 최대 토크

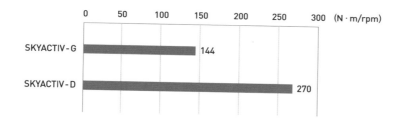

그래프2 AXELA Sport(1.5L)의 연비

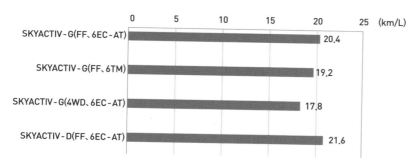

동일한 차체에 가솔린 엔진과 디젤 엔진을 탑재한 차량을 서로 비교해보면, 배기량은 같아도 엔진의 실제 힘을 나타내는 최대 토크가 두 배 가까이 차이가 난다. 카탈로그 연비는 조금밖에 차이가 나지 않지만, 디젤 엔진이 저회전에서 강한 힘을 발휘할 수 있는 까닭에 승차 인원이나 도로 환경의 차이에 따른 연비의 변동폭이 적고, 안정적으로 우수한 연비를 실현할 수 있다. 출처 : 마쓰다

경유와 휘발유는 어떤 차이가 있을까?

--------→ 휘발유와 경유는 모두 석유에서 정제한 연료다. 석유는 탄화수소가 다양한 분자 구조로 섞여 있어서, 이것을 정제해 분리하면 여러 목적에 맞는 연료로 만들 수 있다.

휘발유는 비중이 가볍고 끓는점도 낮은 연료로, 쉽게 불타는 특성이 있다. 한편 경유는 잘 불타지 않는 연료이지만 자기 착화성은 휘발유보다 높다는 특성이 있다. 휘발유는 쉽게 불이 붙지만 발화점이 될 불이 없으면 잘 불타지 않으며, 경유는 휘발유보다 잘 불타지 않지만 고온 상태에서는 불이 없어도 저절로 불이 붙기 쉽다. 따라서 휘발유는 압축비가 비교적 낮고 점화 플러그로 불을 붙이는 엔진과 상성이 좋으며, 자연 발화하기 쉬운 경유는 공기를 크게 압축해 고온으로 만드는 디젤 엔진과 상성이 좋다.

휘발유와 경유 모두 한 가지 성분만으로 구성되어 있지는 않다. 양쪽 모두 탄화수소 화합물인데, 다양한 화합물이 섞여 있다. 휘발유에는 벤젠과 알켄, 톨루엔, 크실렌 같은 대표적인 성분 이외에도 수소 원자와 탄소 원자가 다양한 방식으로 결합한 200~300종류의 성분이 들어 있다. 또한 바이오에탄올을 원료로 한 에틸 터셔리 부틸 에테르(Ethyl Tertiary Butyl Ether. ETBE)라는 첨가제도 들어 있다. 이것은 휘발유의 옥탄가를 높여서 폭발력을 더욱 높이는 효과가 있다. 식물에서 유래한 성분이므로 이산화탄소의 배출을 억제하는(탄소 중립이라는 개념) 효과도 있다. 그 밖에 휘발유에는 청정제나 방청제 등의 첨가제도 섞여 있다. 이것은 휘발유의 품질을 안정시켜 장기적으로 자동차의 성능을 유지하는 데 공헌한다.

경유의 주성분은 알켄이다. 얼마나 불이 잘 붙는가는 세탄가라는 지수로 표시한다. 세탄가가 높을수록 자연 발화하기 쉬워서 단숨에 연소되므로 엔진의 구동력은 높아지지만, 연소 온도가 높아지면 배기가스 속의 질소 산화물이 증가하고, 연료가 분사된 범위의 산소가 줄어들면 중심 부근에서 산소 부족으로 미세먼지가 발생하는 난점도 있다.

경유와 휘발유는 석유에서 정제한 기름으로 매우 유사한 특성이 있다. 점성이 약하고 투명할 뿐만 아니라 쉽게 연소한다는 점은 양쪽 모두에 해당한다. 휘발유는 기화하기 쉽고 불똥에 닿으면 쉽게 불이 붙는다는 특징도 있다. 한편 경유는 휘발유만큼 인화 온도가 낮지 않은 대신 고온에서 자연 발화하기 쉬운 특성이 있다. 참고로 일반적인 경유는 어는점이 높아서 겨울철 한랭지에서는 휘발유와 달리 얼어붙을 때가 있다. 그래서 한랭지에서는 어는점이 낮은 경유를 판매한다. 사진 제공 : 다카네 히데유키

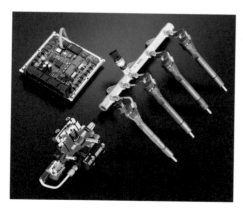

디젤 엔진에는 복잡한 연료 펌프가 있다. 연료에 압력을 가해서 연소실 안에 분사하기 위해서다. 경유는 등유나 휘발유와 달리 윤활성이 있어서 이 펌프를 윤활하는 역할도 한다. 사진 제공 : 보쉬

스카이액티브에는
디젤 엔진도 있다?

--------→ 　마쓰다의 스카이액티브-G는 가솔린 엔진, 스카이액티브-D는 디젤 엔진이다. 스카이액티브-G의 경우 효율을 올리기 위해 연소실의 압축비를 높였는데, 스카이액티브-D의 경우 반대로 압축비를 낮췄다. 압축비가 높다는 것은 그만큼 펌핑 손실(5-06 참조)이 크다는 의미로, 피스톤이 최대까지 내려간 상태에서도 연소로 발생한 에너지를 완전히 회수하지 못한다는 말이다. 발생한 에너지의 일부는 열이나 배기가스의 압력이라는 형태로 버려진다.

　게다가 압축비가 높으면 연소 온도도 높아져 배기가스의 질소 산화물이 증가하고 만다. 그런 까닭에 압축 행정을 지나 팽창 행정에 들어간 뒤에 연료를 분사해 연소시켜야 하는데, 결국 이 때문에 고압축을 완벽히 활용하지 못한다.

　스카이액티브-D는 가솔린 엔진 수준으로 압축비를 낮춰서 펌핑 손실을 줄이고, 배기가스의 질소 산화물도 감소시켜 높은 연비를 이끌어냈다. 이 덕분에 고가의 후처리 시스템을 사용하지 않고도 배기가스를 청정하게 만들었다.

　스카이액티브-D는 압축비를 낮추는 방식을 이용해서 기존에는 크고 무거웠던 디젤 엔진을 작고 가볍게 만드는 데도 성공했다. 그러면서도 터보차저를 조합한 덕분에 큰 힘이 필요할 때는 많은 공기를 불어넣어 실질적인 압축비를 높이고 커다란 구동력을 발휘한다.

　일본에서는 한때 디젤 엔진을 탑재한 승용차가 시장에서 완전히 모습을 감추기도 했었지만, 메르세데스 벤츠가 디젤 사양 고급차의 수입 판매를 부활시켰고, BMW 도 그 뒤를 따랐다. 여기에 마쓰다가 스카이액티브-D를 개발하면서 사용자층이 크 게 확대되었다.

압축비를 낮춰서 실질적인 팽창비를 높이다

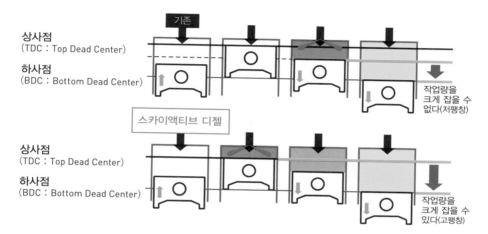

스카이액티브 디젤 엔진은 가솔린 엔진과 반대로 기존보다 압축비를 낮췄다. 압축비를 낮춰서 최대한 압축하고, 그 상태에 서 연소한다. 이에 따라 연료가 지닌 열에너지를 최대한 구동력으로 끌어낼 수 있게 되었다. 일러스트 제공 : 마쓰다

사진은 스카이액티브-D. 압축비가 낮으면 예전처럼 엔 진 부품의 강도를 높일 필요가 없으므로 더 가볍게 만 들 수 있다. 크랭크축의 강성이 가솔린 엔진의 크랭크 축과 그다지 차이가 없다. 또한 압축비가 낮으면 배기 가스의 질소 산화물도 감소하기 때문에 특별한 후처리 장치가 필요 없다. 가솔린 자동차와 같은 산화 촉매만 으로 엄격한 배기가스 규제를 통과했다.

사진 제공 : 마쓰다

디젤 자동차는 느리지 않을까?

------→ '디젤 엔진을 장착한 자동차'라는 말을 들으면 먼저 트럭이나 버스, 덤프 트럭 같은 중량급 상용차가 머릿속에 떠오르면서 '화물이나 사람을 많이 실을 수 있지만 속도는 그리 빠르지 않은 탈것'이라는 생각을 하게 된다. 그러나 이것은 연료 효율이 좋고 힘이 세다는 디젤 엔진의 특성이 상용차에 적합하기에 채용된 것일 뿐, 빠른 속도를 내는 자동차에 디젤 엔진이 적합하지 않은 것은 아니다.

예를 들면 메르세데스 벤츠가 1970년대 후반에 발표한 'C111'이라는 콘셉트 카는 디젤 엔진을 탑재했는데, 이탈리아의 '나르도 서킷'이라는 테스트 코스에서 시속 322킬로미터라는 최고 속도를 기록한 바 있다. 또한 가혹한 내구 레이스로 알려진 르망 24시 레이스에서도 2006~2014년에는 아우디와 푸조의 디젤 엔진 자동차가 우승을 차지했다. 현재는 토요타나 포르쉐가 만든 하이브리드(가솔린 엔진과 모터를 결합) 차량이 우승을 놓고 각축을 벌이고 있지만, 한때는 "디젤 엔진이 아니면 우승할 수 없다."라는 말까지 있었을 정도다. 디젤 엔진의 높은 열효율이 연비 성능과 토크를 높여주기 때문이다. 엔진의 회전수를 더 높일 수 있는 쪽은 가솔린 엔진이지만, 디젤 엔진은 힘이 강한 만큼 변속기의 기어비를 낮추는 방식으로 같은 속도를 낼 수 있다. 양산형 4도어 세단을 기반으로 한 머신으로 경쟁하는 세계 투어링카 선수권(WTCC)에서도 디젤 엔진이 활약하고 있다.

메르세데스 벤츠는 1978년에 C111이라는 실험 차량에 디젤 엔진을 탑재한 C111-IID라는 차량을 발표했다. 직렬 5기통의 터보 디젤 엔진은 최고 출력 190마력이라는 당시로서 높은 출력을 냈다. 1979년에는 엔진을 230마력까지 강화하고, 차체도 공기 저항이 더욱 줄어들도록 개량해 시속 322킬로미터의 최고 속도를 기록했다.

사진 제공 : 메르세데스 벤츠

연비가 성적에 큰 영향을 끼치는 내구 레이스에서는 디젤 엔진을 탑재한 자동차가 강세를 보였다. WEC(FIA 세계 내구 선수권 대회)에 출전하는 아우디 R18은 2015년 르망 24시 레이스에서 최고 시속 345.6킬로미터를 기록했다.

사진 제공 : 아우디

양산차 중에도 스포티하고 동력 성능이 높은 디젤 엔진 모델이 존재한다. 그중 하나가 마쓰다 악셀라 22XD다. 6단 수동 변속기 모델과 자동 변속기 모델이 준비되어 있는데, 양쪽 모두 연비와 환경 성능이 높으면서 5리터급 가솔린 자동차에 맞먹는 힘찬 가속력과 주행의 즐거움을 실현했다. 빠르고 운전이 즐거운 디젤 자동차가 늘고 있다. 사진 제공 : 마쓰다

바이오 디젤이란 무엇일까?

--------→ 디젤 엔진은 공기를 압축해서 섭씨 500도 이상의 고온 상태로 만들고, 여기에 연료를 분사해 자연 발화시킨다. 디젤 엔진은 석유로 만들지 않은 연료도 이용할 수 있고, 따라서 가솔린 엔진보다 활용할 수 있는 연료의 종류가 다양하다.

석유 연료가 아닌 식물이나 유기물을 이용해 만들어낸 연료를 바이오 연료라고 하며, 이 바이오 연료로 작동하는 디젤 엔진을 바이오 디젤이라고 부른다. 바이오 디젤은 원칙적으로 탄소 중립이므로 대기 속의 이산화탄소를 늘리지 않는다.

유럽에는 식물 씨앗을 짜서 대체 연료를 만들어내는 기업과 손잡고 바이오 디젤로 달리는 노선버스를 운영하는 지방 자치 단체도 있다. 해조류 중에는 몸속에서 기름을 만들어내 저장하는 종류도 있다. 이들 해조류에는 저마다 성

아우디의 e디젤 구상

1. 자연 에너지를 이용한 발전
연료 생성에 필요한 전력은 태양광이나 풍력 등을 이용해서 만든다.

석유 이외의 원료에서 만든 디젤 엔진용 연료를 광범위하게 바이오 디젤이라고 부른다. 폐유를 정제해서 만든 것도 바이오 디젤에 포함된다. 애초에 디젤 엔진은 연료 선택의 폭이 넓어서 불순물만 제거하면 다양한 기름을 사용할 수 있다. 아우디는 일반 가정에서 배출되는 이산화탄소를 회수한 다음, 자연 에너지를 사용해 수소와 화학반응을 일으켜서 디젤용 연료를 합성하는 'e디젤 구상'을 제안했다. 이 밖에도 연료를 만들어내는 다양한 방법이 연구되고 있다. 일러스트 제공 : 아우디

장이 빠른 것, 기름을 많이 만들어내는 것 등 여러 특징이 있는데, 이런 강점을 활용하는 연구가 진행 중이다. 그 밖에 튀김용 기름 같은 폐유를 정제해 디젤 엔진용 연료로 만드는 기업도 있다.

휘발유나 경유에 가까운 연료를 인공적으로 만들어내는 연구도 진행되고 있으며, 이미 실용 단계에 접어든 것도 있다. 화학 합성으로 만들어낸 연료는 화석 연료보다 조성이 균일하고 품질도 안정적이다. 다만 문제는 생산 단가인데, 석유에서 정제한 연료와 비슷한 수준까지 가격을 떨어뜨리기는 당분간 어려울 듯하다. 최근의 저유가 추세가 이런 대체 연료의 개발 속도를 둔화시킬 가능성도 있다.

2. 전기 분해
물을 고온의 수증기로 만들고 수소와 산소로 분해한다. 이 가운데 수소만을 회수하고 산소는 대기에 방출한다.

이산화탄소 회수 기구
계약을 맺은 공장이나 가정에서 방출되는 이산화탄소를 필터로 붙잡아 회수한다.

4. 정제
블루 크루드를 구성하는 탄화수소의 분자 구조를 조정하고, 고분자로 만든 후 상온에서 액체 상태로 만든다. 이것이 기존 경유와 똑같이 다룰 수 있는 e디젤이다.

블루 크루드(Blue Crude)　　e디젤

3. 합성
수소(H_2)와 이산화탄소(CO_2)를 반응시켜 물(H_2O)과 블루 크루드로 변환한다.

휘발유 엔진과
디젤 엔진의 중간 형태가 있다?

--------→   현재 **예혼합 압축 착화**(Homogeneous Charge Compression Ignition, HCCI) 엔진이라고 부르는 것이 연구되고 있다. 이 엔진의 특징은 휘발유를 연료로 사용하면서 디젤 엔진처럼 압축으로 온도를 상승시켜서 자연 발화시킨다는 점이다.

가솔린 엔진도 점화 플러그로 불을 붙이기 전에 자연 발화하는 현상이 있다. 이것을 노킹이라고 부르는데, 통상적인 연소보다 더 폭발적으로 불이 번진다. 압축 행정 중에 일어나 엔진을 망가뜨리기도 하는 매우 위험한 현상이다. 그런데 생각하기에 따라서는 매우 높은 에너지를 내는 노킹 현상을 이용하면 휘발유에서 전보다 더 많은 구동력을 이끌어낼 수 있을 것이라는 역발상도 가능하다.

현재 가솔린 엔진의 제어 기술은 상당 부분 완성된 상태이기 때문에 열효율을 지금보다 더 높여 배기가스를 깨끗하게 만들거나, 연비를 향상하기 위한 방법으로 예혼합 압축 착화 엔진이 주목받고 있다. 전 세계의 자동차 제조 회사와 연구 기관이 이 엔진을 개발하고 있다. 시동을 걸 때는 통상적인 플러그로 점화하고, 엔진이 안정되면 예혼합 압축 착화 운전으로 이행하는 시스템, 혹은 부하나 회전수에 따라 플러그 점화와 예혼합 압축 착화를 전환하는 시스템 등이 시도되고 있다.

예혼합 압축 착화는 안정적인 연소 영역이 좁으며, 이 영역을 넓히려면 연소실 내의 온도 조절이 필수다. 아직 일반적인 가솔린 엔진처럼 운전자가 자유자재로 엔진 회전수를 높이고 낮출 수 있는 유연성은 없지만, 엔지니어들은 언젠가 예혼합 압축 착화 기술을 고도화해서 지금보다 훨씬 적은 연료로 강력하고 쾌적한 주행을 실현하는 가솔린 자동차를 만들어낼 것이다.

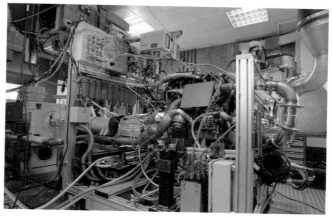

다임러 AG의 연구소에서 실험 중인 HCCI 엔진이다. HCCI는 가솔린 엔진처럼 공기와 연료를 실린더 안으로 빨아들이지만 공기를 압축해 고온을 만들고, 이를 이용해 디젤 엔진처럼 자연 발화시킨다. 일반적인 가솔린 엔진에 비해 연소 속도가 빠르고, 혼합기가 희박한 상태에서도 연소가 가능하다. 이런 장점 때문에 자동차 제조 회사들이 연구를 진행하고 있다.

사진 제공 : 다임러 AG

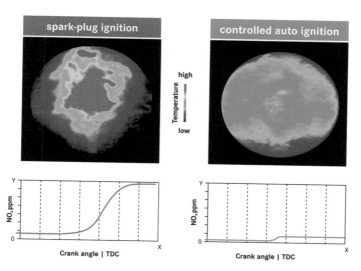

불꽃 점화한 일반적인 가솔린 엔진의 연소 상태(왼쪽)와 제어된 상황에서 자연 발화한 가솔린 엔진(오른쪽)의 연소 상태를 비교한 것이다. 불꽃 점화를 통한 연소는 연소 온도에 편차가 있고, 불꽃 전파를 통해 구석구석까지 불타는 데 시간이 걸린다. 한편 자연 발화는 전체가 거의 동시에 연소되기 때문에 연소 온도가 낮고 균일하다. 질소 산화물의 농도도 아래의 그래프처럼 자연 발화가 압도적으로 낮다. 사진 제공 : 다임러 AG

폭스바겐은 어떤 수법으로 미국의 배기가스 규제를 부정하게 통과했을까?

⋯⋯→ 　2015년 겨울, 자동차 업계에 충격적인 소식이 알려졌다. 세계 굴지의 자동차 제조 회사인 폭스바겐이 미국의 배기가스 규제를 위법한 방법으로 통과해왔다는 사실이 밝혀진 것이다. 미국은 자동차 보유 대수가 많은 까닭에 배기가스 규제가 매우 엄격하다. 미국에서 자동차를 판매하려면 이 배기가스 규제를 통과해야 한다. 이 때문에 자동차 제조 회사들은 기술력을 총동원해 배기가스를 정화하는 시스템을 만들고 있다. 그런데 폭스바겐은 배기가스 검사가 실제 주행이 아닌 실험실에서 실시된다는 점을 악용해 미국에서 판매하는 일부 차종의 규제를 사실상 무력화시켰다. 이러한 사실은 대학의 연구 기관이 실제로 주행하는 자동차의 배기가스 성분을 측정한 결과, 규제 수치를 크게 벗어나는 다량의 유해 성분을 검출하면서 발각되었다.

　문제가 된 어느 디젤 자동차는 배기가스를 대기에 방출하기에 앞서 요소(암모니아를 해롭지 않게 만든 것)를 물로 희석한 요소수를 배기가스에 분사해 정화하는데, 실험실에서 검사를 받을 때는 적절한 양을 분사했지만 실제로 주행할 때는 분사량을 줄였다. 실험실에서는 타이어가 롤러 위를 구르므로 실제 주행과 달리 차체가 움직이지 않아 가속하거나 감속할 때 발생하는 가속도가 발생하지 않으며 스티어링도 조종되지 않는다. 그래서 이런 정보를 바탕으로 '실제 주행과는 다른 상태'라고 판단하면 컴퓨터가 연료나 요소수의 분사량을 검사 모드로 전환했던 것이다. 다른 차종은 요소 SCR을 사용하지 않는 배기가스 후처리 장치를 탑재했는데, 검사를 받을 때만 배기가스의 재순환량을 늘려서 실제로 주행할 때보다 가속 성능을 희생해가며 배기가스를 정화했다고 한다.

엔진을 제어하는 최근 컴퓨터는 매우 고성능이다. 처리 속도가 빠를 뿐만 아니라 엔진을 효율적으로 제어하기 위해 운전자의 조작이나 주행 상태에 맞춰서 연료 분사량이나 점화 시기를 조절하는 보정값을 모드별로 준비하고 적절히 전환한다. 물론 이러한 제어 방법을 악용해 규제를 빠져나가는 것은 법률로 금지되어 있다. 폭스바겐에는 대기 오염 방지법을 위반했을 뿐만 아니라 의도적으로 위법한 수법을 사용해 규제를 통과한 데 대한 징벌적 추징금으로 막대한 벌금이 부과되었다.

그렇다면 왜 폭스바겐은 이런 위험을 감수하면서까지 위법한 수법으로 규제를 통과했을까? 그 이유 중 하나로 북미 시장에서는 사용자의 평가가 자동차의 판매를 크게 좌우한다는 점을 들 수 있다. 차량 가격이나 카탈로그 연비뿐만 아니라 러닝 코스트(정비 등 차량을 유지하기 위한 비용)도 인기에 영향을 끼치는 까닭에 실제 주행 시에는 요소수의 소비량을 줄였던 것이다.

한편 카탈로그 연비를 실제보다 더 좋게 조작해오다가 2016년 4월에 발각된 미쓰비시 자동차의 성능 위장 수법은 폭스바겐보다 단순했다. 일본의 국토교통성이 지정한 방법이 아니라 자사에 유리한 방법으로 연비를 계측·산출하고 유리한 데이터만을 이용하는 수법이었다. 미쓰비시 자동차는 이런 자사 기준에 따른 성능 평가를 25년이나 계속해온 것으로 알려져 기업으로서의 자세를 의심받고 있다.

폭스바겐이나 미쓰비시 자동차 같은 선진 기술력을 갖춘 자동차 제조 회사가 이와 같은 잘못된 방법으로 친환경 자동차의 성능을 과장한 것은 참으로 유감스러운 일이 아닐 수 없다.

나는 《자동차 첨단기술 교과서》라는 책을 낸 적이 있다. 그 책이 출간된 무렵부터 자동차의 기술 혁신이 급속히 진행되어 자동차의 안전 기술이나 높은 연비를 보장하는 수많은 기술이 탄생했다.

내가 지금 하는 일도 그 무렵과는 상당히 달라졌다. 취미 차원에서 자동차 세계를 소개하는 일의 경우, '레트로 카'라고 부르는 1980년대 이전의 자동차에 관한 책을 집필하거나 최신 메커니즘을 탑재한 현행 모델과 그 제조 현장, 관련 기술을 취재집필하는 일이 늘어났다.

"친환경 자동차와 관련해 새로 책을 써주시지 않겠습니까?"

약 2년 전, 담당 편집자인 이시이 겐이치 씨가 내게 이런 제안을 했다. 당시 〈닛케이 Automotive〉(닛케이BP사)라는 전문지에서 자동차 메커니즘을 해설하는 연재를 막 시작했던 나는 최신 메커니즘을 정리한 책의 집필을 흔쾌히 승낙하고, 즉시 전체 구상과 사전 조사에 들어갔다. 시간을 충분히 확보할 수 있었다면 수개월 안에 완성할 수도 있었겠지만, 잡지나 웹사이트에도 글을 써야 했기에 아무래도 매달 마감 후 남은 시간을 이용해 집필하는 수밖에 없었다. 그러는 동안 새로운 친환경 자동차가 등장했을 뿐만 아니라 '디젤 게이트' 같은 자동차 업계 전체를 뒤흔드는 사건도 일어났다.

그럴 때마다 나는 책의 전체 얼개와 내용을 재검토하고 수정을 거듭했다. 그러나 지금 되돌아보니 그럼에도 '아직 담지 못한 내용이 많다.'라는 생각이 든다. 얼마 전에도 중동의 산유국으로 구성된 OPEC(석유 수출국 기구)과 비가맹 산유국이 석유 감산에 합의했다. 그 영향으로 원유 가격이 상승하기 시작했고, 미국의 대통령으로 도

널드 트럼프가 당선되면서 엔화가 약세를 보임에 따라 얼마 전까지 비교적 낮은 수준에서 유지되던 연료 가격이 상승세로 돌아섰다. 당분간 원유 가격은 다양한 사정에 따라 오르내릴 듯하다.

친환경 자동차가 환경 성능이 높은 것은 분명한 사실이지만 근거리라면 더욱 친환경적이고 에너지 효율이 높은 탈것이 있다. 바로 자전거다. 나는 수도권에서 이동할 때 조건이 허락한다면 가볍고 저항이 적은 로드바이크를 이용하고 있다. 상황에 맞춰 지구 환경과 건강에 이로운 이동 수단을 이용할 것을 여러분에게 권하면서 '후기'를 끝맺도록 하겠다.

다카네 히데유키

참고 문헌

잡지

〈Motor Fan illustrated〉 각호(산에이서방)

〈닛케이 Automotive〉 각호(닛케이BP사)

웹사이트

MONOist(http://monoist.atmarkit.co.jp) (ITmedia)

Smart Japan(http://www.itmedia.co.jp/smartjapan) (ITmedia)

닛케이 테크놀로지 온라인(http://techon.nikkeibp.co.jp) (닛케이BP사)

옮긴이 **김정환**

건국대학교 토목공학과를 졸업하고 일본외국어전문학교 일한통번역과를 수료했다. 21세기가 시작되던 해에 우연히 서점에서 발견한 책 한 권에 흥미를 느끼고 번역의 세계를 발을 들여, 현재 번역 에이전시 엔터스코리아 출판기획 및 일본어 전문 번역가로 활동하고 있다.

경력이 쌓일수록 번역의 오묘함과 어려움을 느끼면서 항상 다음 책에서는 더 나은 번역, 자신에게 부끄럽지 않은 번역을 할 수 있도록 노력 중이다. 공대 출신의 번역가로서 공대의 특징인 논리성을 살리면서 번역에 필요한 문과의 감성을 접목하는 것이 목표다. 야구를 좋아해 한때 imbcsports.com에서 일본 야구 칼럼을 연재하기도 했다. 주요 역서로《비행기 조종 교과서》《자동차 정비 교과서》《자동차 구조 교과서》《자동차 첨단기술 교과서》《모터바이크 구조 교과서》등이 있다.

자동차 에코기술 교과서
전기차·수소연료전지차·클린디젤·고연비차의 메커니즘 해설

1판 1쇄 펴낸 날 2017년 12월 20일
1판 5쇄 펴낸 날 2024년 3월 5일

지은이 | 다카네 히데유키
옮긴이 | 김정환
감 수 | 류민

펴낸이 | 박윤태
펴낸곳 | 보누스
등 록 | 2001년 8월 17일 제313-2002-179호
주 소 | 서울시 마포구 동교로12안길 31 보누스 4층
전 화 | 02-333-3114
팩 스 | 02-3143-3254
이메일 | bonus@bonusbook.co.kr

ISBN 978-89-6494-333-5 03550

＊이 책은《친환경 자동차의 최전선》의 개정판입니다.

• 책값은 뒤표지에 있습니다.